尾矿库溃坝事故案例分析

王光进　崔周全　刘文连　赵奎　编著

获取彩图

北　京

冶金工业出版社

2024

内 容 提 要

本书介绍了尾矿库工程及尾矿库溃坝尾砂流演进理论，从工程角度统计和分析了国内外部分尾矿库溃坝事故案例，并着重介绍了巴西 Feijão 矿区的 I 号尾矿坝溃坝事故的调查报告。本书不仅对尾矿库设计人员和安全管理人员具有参考价值，而且对从事尾矿库安全评价的工作人员及相关科研人员也具有一定的理论参考价值。

本书既可作为尾矿库生产设计、矿山尾矿库安全评价、矿业生产管理以及其他从事矿产资源管理的工程技术人员的参考资料，也可供高等院校矿业工程、安全技术及工程专业的师生参考。

图书在版编目（CIP）数据

尾矿库溃坝事故案例分析／王光进等编著．—北京：冶金工业出版社，2022.9（2024.3 重印）

ISBN 978-7-5024-9212-0

Ⅰ．①尾…　Ⅱ．①王…　Ⅲ．①尾矿—溃坝—事故分析　Ⅳ．①TD926.4

中国版本图书馆 CIP 数据核字（2022）第 122970 号

尾矿库溃坝事故案例分析

出版发行	冶金工业出版社	电　　话	（010）64027926
地　　址	北京市东城区嵩祝院北巷 39 号	邮　　编	100009
网　　址	www.mip1953.com	电子信箱	service@ mip1953.com

责任编辑　王梦梦　美术编辑　燕展疆　版式设计　郑小利
责任校对　梁江凤　责任印制　窦　唯
北京建宏印刷有限公司印刷
2022 年 9 月第 1 版，2024 年 3 月第 2 次印刷
710mm×1000mm　1/16；10.5 印张；204 千字；159 页
定价 66.00 元

投稿电话　（010）64027932　投稿信箱　tougao@cnmip.com.cn
营销中心电话　（010）64044283
冶金工业出版社天猫旗舰店　yjgycbs.tmall.com
（本书如有印装质量问题，本社营销中心负责退换）

前　　言

目前，全球矿山的安全生产形势依然严峻，尾矿库的安全运行对矿山企业的发展至关重要。近年来，屡屡发生的尾矿库溃坝事故造成了巨大的人员伤亡和财产损失，其安全稳定引起了社会、企业、学界的广泛关注。本书旨在通过对国内外尾矿库溃坝事故进行全面的调查统计和分析，总结归纳导致尾矿坝发生溃坝事故的原因及影响因素，为尾矿库生产设计、安全评价提供重要参考依据，以有效减少或避免溃坝事故的发生。

据统计，目前我国有 7278 座尾矿库，最大坝高 325m，最大库容 8.35 亿立方米。当发生地震、暴雨等极端情况时，高坝、大库容尾矿库发生溃坝的风险也将随之增加。尾矿库作为人为尾矿砂流危险源，一旦发生溃坝，高势能的尾砂流将对下游数千米内的生命财产和生态环境造成严重影响。如 2019 年巴西 Feijão 铁矿尾矿坝突然发生溃坝事故，溃坝所产生的大量尾砂相继淹没食堂、办公楼等矿场设施，并摧毁下游大量村庄及铁路，该事故共造成超过 250 人丧生，给当地生态环境和居民生命财产造成严重损失。

所以，建立行之有效的尾矿库安全管理系列举措是避免尾矿库灾害发生发展、提高尾矿库稳定性与使用年限、降低灾害损失的重要手段。尾矿库事故隐患排查和危险性分析需要企业长期的经验积累及对已发生的事故案例进行充分参考。所以基于行业现状和教学要求，作者编撰了这本介绍尾矿库工程及分析尾矿库事故案例的专业书籍。本书可为尾矿库选址、设计论证、风险评估、分级监督等提供重要的经验分析与参考依据，也可为加强尾矿库的安全监管、控制溃坝事故的发生提供基础理论依据与实践方法。

本书既可供尾矿库生产设计、矿山尾矿库安全评价、矿业生产管理以及其他从事矿产资源管理的工程技术人员参考，也可作为高等院校矿业工程或安全技术及工程等专业的教材和教学参考书。

本书涉及的研究工作得到国家自然科学基金（52174114）和云南省矿产资源开发与固废资源利用国际技术转移中心（202203AE140012）等资助计划的支持，特此致谢！

本书编撰过程中，编者参考了大量文献及相关网站的资料，同时参阅了国内外大量新闻报道，致力为广大研究人员呈现最新、最全面、最准确的尾矿库相关事故数据，在此，谨向文献作者和相关人员表示衷心的感谢。相关网站及新闻报道信息或数据实效性和准确性因出处不同而难以做到精准，因此书中事故数据的遗漏或错误之处，恳请读者批评指正！

编　者

2022 年 7 月

目　　录

1 尾矿及尾矿库工程

矿产资源是人类生存和发展的重要物质基础之一，不论从全球还是从中国看，矿产资源开发对社会经济和生态环境的意义都是十分重要的。我国95%的能源和85%的原材料来自矿产资源。随着生产力的发展及科学技术水平的提高，人类利用矿产资源的种类、数量越来越多，利用范围越来越广。到目前为止，全世界已发现的矿物有3300多种，其中有工业意义的1000多种，每年开采各种矿产150亿吨以上，若包括剥离废石在内则多达1000亿吨以上。以矿产品为原料的基础工业和相关加工工业产值约占全部工业产值的70%左右，由于矿产资源开发过程中丢弃的大量废石和尾矿所带来的环境污染，已成为当今世界持续发展所面临的最重要的问题之一。从广义上说，为尾矿处理所建造的全部设施系统，均称之为尾矿设施。故一般尾矿设施主要指尾矿输送、尾矿堆存、尾矿库排洪和尾矿库回水四个系统的工程。

在工业上用量最大，对国民经济发展有重要意义的金属矿产主要有铁、锰、铜、铅、锌、铝、镍、钨、铬、锑、金、银等。这些矿石储量和开采量都很大，但因矿石的品位普遍较低，多数为贫矿，需要经过选矿加工后才能作为冶炼原料，所以产生出大量的尾矿，如铁尾矿产出约占原矿石量的60%以上。随着经济发展对矿产品需求的大幅度增加，矿产资源开发规模随之加大，尾矿的产出量还会不断增加。为了管理好这些尾矿，就需要运用尾矿工程，包括尾矿库的修筑、尾矿输送设备、输送管路的铺设以及平时的经营管理，这样需要耗费大量的人力、物力、财力，并要占用大量的农田、山地。随着尾矿量的增加，尾矿坝越堆越高，堆坝和管理工作量越来越大且越来越困难，细粒尾矿还会对大气、土壤和水资源产生严重污染。尾矿库还有发生溃坝事故的危险，一旦发生溃坝，后果十分严重。因此，研究尾矿的利用途径，就是将这些尾矿变废为宝，化害为利，作为一种资源来对待，走出一条资源开发与环境保护相协调的矿业发展道路——"绿色矿业"之路。

智研咨询发布的《2021—2027年中国尾矿综合利用行业市场发展潜力及战略咨询研究报告》数据显示：2020年全国十种有色金属产量6167.66万吨，同比增长5.6%，其中，铜产量1002.3万吨，电解铝产量3708万吨，如图1-1所示。

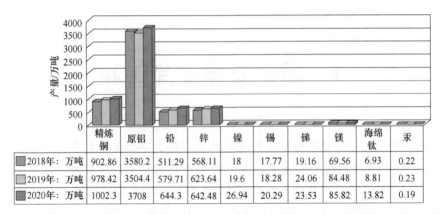

	精炼铜	原铝	铅	锌	镍	锡	锑	镁	海绵钛	汞
2018年：万吨	902.86	3580.2	511.29	568.11	18	17.77	19.16	69.56	6.93	0.22
2019年：万吨	978.42	3504.4	579.71	623.64	19.6	18.28	24.06	84.48	8.81	0.23
2020年：万吨	1002.3	3708	644.3	642.48	26.94	20.29	23.53	85.82	13.82	0.19

图 1-1　2018—2020 年中国十种有色金属产量对比图（源自"智研咨询"）

1.1　尾矿来源与形成

工业生产赖以生存的矿物资源大都来源于矿床。矿床是由地质作用形成的地质体，其内所含的元素或有用矿物集合体，在当前的经济和技术条件下能被开采利用，并可取得经济效益。在地质勘查和矿床开采中，通常是根据工业品位和边界品位，将矿床划分成矿体、表外矿体、围岩三大部分。矿体是指矿床中，在当前的经济和技术条件下开采和利用，可取得经济效益的那一部分。它是矿床的主体和核心，也是矿山开采的对象。一般是根据一定时期内工业生产和国民经济的发展状况，依照法定的工业品位指标，通过化学分析或工业试验圈定出来的。

选矿就是对开采出来的原生矿石进行选别和分级，使得有用矿物富集到满足冶炼要求的品位，或使之达到一定使用要求的质量等级的过程。矿石经选矿后，所得到的有用矿物部分称为精矿，暂时不能被利用或不打算利用的部分即为尾矿，尾矿则就地或就近排放到尾矿库中，非金属矿或富金属矿采选流程如图 1-2 所示。

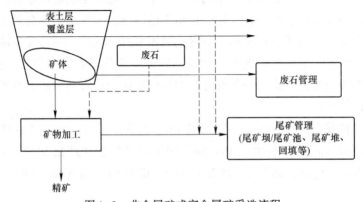

图 1-2　非金属矿或富金属矿采选流程

1.2 中国的尾矿概况

根据智研咨询发布的《2021—2027 年中国尾矿综合利用行业市场发展潜力及战略咨询研究报告》数据显示，2019 年我国尾矿总产生量约为 12.72 亿吨，其中，铁尾矿约为 5.2 亿吨，占 40.9%；铜尾矿为 3.25 亿吨，占 25.6%；黄金尾矿为 1.98 亿吨，占 15.6%；其他有色金属尾矿产生量约为 1.19 亿吨，非金属尾矿产生量约为 1.1 亿吨。

1.2.1 铁尾矿

铁尾矿是铁矿石经破碎磨矿后再进行磁选、浮选等选别流程后剩下的废弃物，其化学成分复杂，但国内外铁尾矿的主要矿物成分基本相似，主要有二氧化硅、氧化铝、氧化钙、氧化镁、三氧化二铁等。国内外针对铁尾矿进行综合利用的途径主要有：回收有价组分，制作混凝土填料、路基材料、建筑材料、充填材料、高分子复合材料以及肥料、土壤改良剂等。

2019 年我国累计进口铁矿石 10.7 亿吨，每吨平均价格为 94.8 美元，进口总量保持稳定，进口价格大幅上涨，国产矿产量出现增长，全国铁矿石原矿产量为84435.6 万吨，伴随产生的铁尾矿量约为 5.196 亿吨。其中河北、辽宁、四川三省铁矿石产量占全国铁矿石总产量的 63%。

1.2.2 铜尾矿

受禁止洋垃圾入境、废铜供应紧张、国外矿山产量下降等影响，铜元素需求持续旺盛，国内铜精矿产量增长。2019 年我国矿产铜产量 742.9253 万吨，同比增长 13.62%，伴随产生铜尾矿 3.26 亿吨，我国铜尾矿主要分布在江西德兴市、内蒙古赤峰市、甘肃白银县、安徽铜陵市和湖北大冶市等地区，主要有江西铜业、铜陵有色、中条山有色、云南铜业和紫金矿业等大型企业。我国最大的铜矿山——德兴铜矿走在了铜尾矿再选的前列，利用微生物堆浸—电萃取—电积提铜技术，将铜矿回收率提高了几个百分点，与此同时，该矿山利用重选工艺对铜尾矿进行再选，年回收铜精矿 1000t。

1.2.3 黄金尾矿

2019 年国内黄金矿产金 317.9 吨，伴随产生的黄金尾矿约为 1.98 亿吨。受自然保护区内矿业权清退、氰渣作为危险废物管理、矿山资源枯竭等因素的影响，河南、福建、新疆等重点产金省（区）产量下降。黄金尾矿主要集中在山东、福建、内蒙古、河南、陕西、黑龙江等省（区），约占全国总产生量的

80%，中国黄金、山东黄金、紫金矿业、山东招金、西部黄金等 13 家大型黄金企业集团黄金尾矿占全国总产量的 40.06% 以上。2015 年我国国内尾矿堆积量为 173 亿吨，到 2020 年我国尾矿堆积量增长至 222.6 亿吨，如图 1-3 所示。

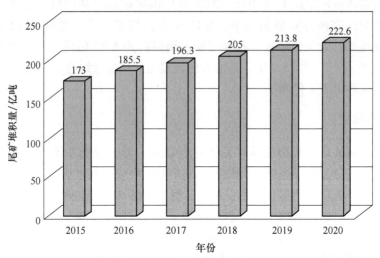

图 1-3　2015—2020 年我国尾矿堆积量走势图（源自"智研咨询"）

图 1-4 为我国在 2015—2020 年间尾矿产量走势图，从图中可以看出，2015 年以来受国内铁矿尾矿产生量下滑的影响，国内尾矿产量呈下降态势，2018 年我国尾矿产生量为 12.11 亿吨，2020 年我国尾矿产量为 12.75 亿吨。

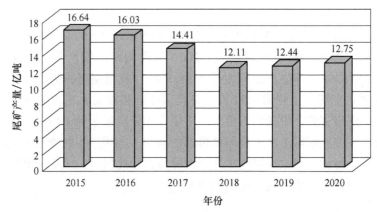

图 1-4　2015—2020 年我国尾矿产量走势图（源自"智研咨询"）

图 1-5 为我国在 2015—2020 年间尾矿综合利用量走势图，从图中可以看出，2015 年我国国内尾矿综合利用量为 3.51 亿吨，尾矿综合利用率为 21.10%；2020 年我国尾矿综合利用量增长至 4.05 亿吨，尾矿综合利用量增长至 4.05 亿吨，尾矿综合利用率为 31.80%。

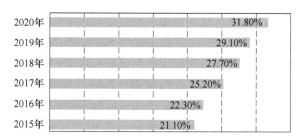

图 1-5 2015—2020 年我国尾矿综合利用率走势图

自 2015 年以来，我国尾矿综合利用率持续走高，自 2015 年利用率 21.10%增长至 2020 年 31.80%，涨幅明显，说明近年来我国对堆存尾矿的重视程度增加，提取技术增强。

1.3 尾矿库工程

尾矿库是指筑坝拦截谷口或围地构成的，用以堆存金属或非金属矿山进行矿石选别后排出尾矿或其他工业废渣的场所。尾矿库一般由尾矿堆存系统、尾矿库排洪系统、尾矿库回水系统等几部分组成。其中的尾矿堆存系统包括坝上放矿管道、尾矿初期坝、尾矿后期坝、浸润线观测、位移观测以及排渗设施等。尾矿库排洪系统一般包括截洪沟、溢洪道、排水井、排水管、排水隧洞等构筑物。尾矿回水系统大多利用库内排洪井、管将澄清水引入下游回水泵站，再扬至高位水池。也有的在库内水面边缘设置活动泵站直接抽取澄清水，扬至高位水池。用移动管架排放尾矿的尾矿坝堆积过程如图 1-6 所示。

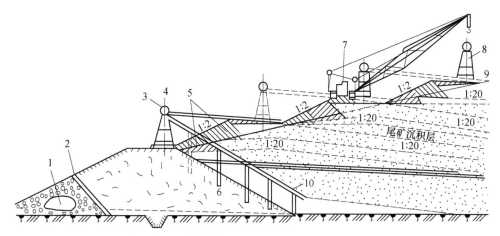

图 1-6 用移动管架排放尾矿的尾矿坝堆积过程图

1—堆石坝；2—反滤层；3—尾矿排放管；4—尾矿排放管中心线；5—尾矿堆积坝；
6—土坝；7—用于移动排放管的起重机；8—支架；9—尾矿堆积堤的总坡度线；10—流槽（最初位置）

一般来说，尾矿的地表排放是采用某种类型堤坝形成拦挡、容纳尾矿和选矿废水的尾矿库，使尾矿从悬浮状态沉淀下来形成稳定的沉积层，使废水澄清再返回选厂使用。尾矿库的堆积坝是指用尾矿本身堆积而成的尾矿堆积体，又称后期堆积坝。按筑坝的方式划分，尾矿库可分为一次筑坝型尾矿库（包括废石筑坝）和尾矿堆坝型尾矿库。尾矿堆坝型尾矿库还可以分为湿式堆排型尾矿坝和干式堆排型尾矿坝。湿式堆存的尾矿坝多以矿浆形式排出，所以必须采用水力输送。常见的尾矿输送方式有自流输送、压力输送和联合输送三种。干式堆存尾矿坝一般可采用箕斗或矿车、皮带运输机、架空索道或铁道列车等运输。

1.3.1　一次筑坝型尾矿库

一次筑坝型（包括废石筑坝）尾矿库不用尾矿堆坝，故没有堆积坝，是尾矿库的特殊情况，采用一次筑坝的尾矿坝，放矿灵活，可以分散放矿，也可集中放矿，放矿位置可以在尾矿水澄清区以外的任何位置。对于湿式尾矿库，当全尾矿颗粒极细，即 $d<0.074\mathrm{mm}$ 含量（质量分数，后同）大于 85% 或 $d<0.005\mathrm{mm}$ 含量大于 15% 时，宜采用一次建坝，并可分期建设。

1.3.2　湿式堆排型尾矿库

湿式堆排型尾矿库是指入库尾矿具有自然流动性，采用水力输送排放尾矿的尾矿库。堆积坝的型式与堆坝方法相联系，湿式堆排型尾矿库的堆坝方法一般可分上游式尾矿筑坝法、中线尾矿筑坝法、下游式尾矿筑坝法和模袋法等。

地表尾矿库使用最普遍的还是尾矿堆坝型，其与挡水坝不同，是在尾矿库整个服务期间分期构筑的坝。首先构筑初期坝，初期坝高设计一般考虑尾矿库使用前期的尾矿产量以及适当的洪水流入量。之后按照预定的尾矿上升高程、库中允许洪水蓄积量齐步并升。尾矿堆坝的优点很明显：（1）由于在尾矿库整个服务期间分配建设费用，初期工程费用低，只是初期坝构筑所必要的成本；（2）由于不必在筑坝初期一次性备齐筑坝材料，所以在筑坝材料的选择上可有很大的灵活性。

尾矿库的堆坝方法决定了尾矿的放矿方式及放矿位置。上游式尾矿筑坝的尾矿库，一般采用坝前分散放矿，除冰冻期采用冰下集中放矿或岩溶地区尾矿库要求周边放矿外，不允许在任意位置放矿，也不能集中放矿，当尾矿颗粒较粗时可采用直接冲积法筑坝；尾矿颗粒较细时宜采用分级冲积法筑坝。中游法和下游法堆坝的尾矿库，一般采用旋流器分级放矿，旋流器沉砂用来堆坝，溢流放入坝内。对于细粒尾矿无法筑坝的尾矿库，也可采用池田法筑子坝，其原理是采用碎石、尾矿等材料筑埂，将尾矿材料排放入池田内，粗粒尾矿沉积，细粒尾矿通过提前设置的溢流圈排入库内，粗粒尾矿逐渐固结获得足够的强度，层层升高形成坝体，如图 1-7 所示。

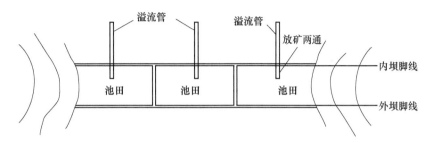

图 1-7　池田法筑坝示意图

　　尾矿排放应注意以下问题：保持均匀放矿，使尾矿沉积滩均匀上升；放矿过程中，不能出现沿子堤上游坡脚的集中矿浆流和旋流，以免形成冲刷；冰冻季节宜采取库内冰下集中放矿；尾矿排放过程中，应避免在沉积滩面形成大面积的细尾矿及矿泥层。湿式堆排型尾矿堆积坝下游坡浸润线的最小埋深在满足坝坡抗滑稳定的条件下，还应满足表 1-1 的要求。

表 1-1　尾矿堆积坝下游坡浸润线的最小埋深

堆积坝高度 H/m	$H \geqslant 150$	$150 > H \geqslant 100$	$100 > H \geqslant 60$	$60 > H \geqslant 30$	$H < 30$
浸润线最小埋深/m	10 ~ 8	8 ~ 6	6 ~ 4	4 ~ 2	2

　　注：任意高度堆积坝的浸润线最小埋深都可用插入法确定。

1.3.2.1　上游式尾矿筑坝法

　　上游式尾矿筑坝法是指湿式尾矿库在初期坝上游方向堆积尾矿的筑坝方式。首先构筑初期坝并从坝顶周边排放尾矿，形成沉积滩，以后逐次以前一期沉积滩为基础，逐次排放尾矿，坝体随之升高，直至达到最终设计高度，如图 1-8 所示。上游式尾矿坝的筑坝方式包括池填堆坝法、渠槽堆坝法、推土机堆坝法和旋流器堆坝法等。

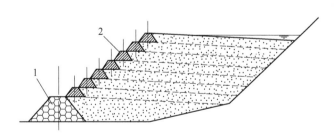

图 1-8　上游式尾矿筑坝法
1—初期坝；2—子坝

　　上游式尾矿筑坝的特点是堆积坝坝顶轴线逐级向初期坝上游方向推移。上游式筑坝的堆积坝，自初期坝坝顶开始以某种边坡比向上游逐渐推进加高，初期坝相当于堆积坝的排水棱体。上游方法适用的关键是尾矿形成一定承载能力的沉积滩，其为周边坝提供有力的支撑。这种堆积坝堆坝工艺简单，操作方便，基建投资少，经营费低，是我国目前广泛应用的堆积坝坝型。但其支承棱体底部由细尾矿堆积而成，力学性能差，对稳定不利，细粒夹层多，渗透性能差，浸润线高，坝体稳定性差。

上游坝对地震液化敏感、尾矿沉积层相对密度低、饱和度高，易使尾矿液化流动，造成灾难性后果，因此，上游坝不适用于强震区。

游坝升高速度是由尾矿生产率和库区场地地形决定的。快速升高可能在沉积层内产生超孔隙压力，特别是在尾矿泥带中，因为其固结系数低。一般地，当坝年升高速度达到 5~10m，在尾矿泥中可引起超孔隙压力，年升高速度超过 15m 必将遭受超孔隙压力引起的破坏。

根据《尾矿设施设计规范》（GB 50863—2013）和《尾矿库安全规程》（GB 39496—2020）的规定，上游式尾矿筑坝还应满足下列要求。

（1）上游式尾矿筑坝，中、粗尾矿可采用直接冲积筑坝法，尾矿颗粒较细时宜采用分级冲积筑坝法。每期子坝宜采用尾矿堆筑，也可采用废石、砂石堆筑。

（2）上游式堆坝的尾矿浓度超过 35%（不含干堆尾矿）时，不宜采用冲积法直接筑坝，否则应进行尾矿堆坝试验研究。

（3）上游式尾矿筑坝的全尾矿 $d<0.074mm$、颗粒含量大于 85% 或 $d<0.005mm$、颗粒含量大于 15% 时，应进行尾矿堆坝试验研究。

（4）对于国家规定的地震设防烈度为 7 度及 7 度以下的地区宜采用上游式筑坝；地震设防烈度为Ⅷ度至Ⅸ度的地区宜采用下游式或中线式筑坝，如采用上游式筑坝应采取可靠的抗震措施。

（5）地震设计烈度为Ⅸ度时，上游式尾矿筑坝尾矿堆积高度不得高于 30m。

（6）上游式尾矿堆积坝沉积滩顶与设计洪水位的高差和滩顶至设计洪水位水边线的距离不应小于表 1-2 中的最小安全超高值和最小干滩长度值的规定。

表 1-2　上游式尾矿堆积坝的最小安全超高与最小干滩长度

坝的级别	1	2	3	4	5
最小安全超高/m	1.5	1.0	0.7	0.5	0.4
最小干滩长度/m	150	100	70	50	40

注：3 级及 3 级以下的尾矿坝经渗流稳定论证安全时，表内最小干滩长度最多可减少 30%；地震区的最小干滩长度还应满足现行国家标准《构筑物抗震设计规范》（GB 50191—2012）的有关规定。

1.3.2.2　下游式尾矿筑坝法

下游式尾矿筑坝法是指湿式尾矿库在初期坝下游方向用旋流器等分离设备所分离出的粗尾砂堆坝的筑坝方式，如图 1-9 所示。其特点是堆积坝坝顶轴线逐级向初期坝下游方向推移。下游法堆坝的堆积坝,自初期坝坝顶开始,用旋流器底流沉砂(溢流排入坝内)以某种坡比向下游逐渐加高推移,先逐渐形成上游边坡,直至堆到最终堆积标高时才形成最终下游边坡。这种堆积坝采用大量旋流器底流沉砂筑成堆积坝,彻底改善了支承棱体的基础条件,坝体质量可控,渗透性强,浸润线低,坝体稳定性好。但旋流器堆坝工作量大,应考虑旋流器底流沉砂量与堆坝工程量的平衡。筑坝工艺复杂,管理复杂,受地形限制,运营费用高,因此目前应用较少。

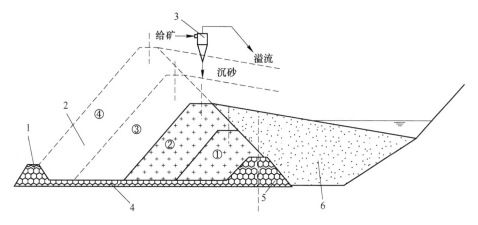

图 1-9 下游式尾矿筑坝法 (①~④为堆积坝筑坝顺序)
1—下游挡堤;2—堆积坝;3—旋流器;4—排水层;5—初期坝;6—细尾砂

下游式尾矿筑坝法开始在初期坝后面排放尾矿,之后在下游坝坡面上填充尾矿,逐期形成上升坝。为了切实地控制地下水位,往往在坝体内采取结构措施,例如不透水心墙和内部排水系统。采用这些措施便可以直接贴近坝体内面蓄积大量水。但是,在某些情况下,池水不贴近坝体内面,坝体本身充分透水,在没有坝体内部不透水心墙和排水系统情况下,通过控制沉积滩的周边排放,形成宽的干坡段,也能很好地控制地下水位。

一般地,下游坝升高方法适于蓄积大量水和尾矿的条件,由于坝内能保持低地下水位,且整个充填体可得以压实,故下游坝具有较好的抗液化能力,可用于强震区。与上游坝升高方法不同,下游坝升高速度基本上不受约束,因为从结构上讲,其与所排放的尾矿沉积层无关。下游坝结构坚固性和工程行为本质上等效于挡水坝。

下游坝升高方法需要精心制订推进规划。随着坝体升高,坝脚不断向外推移,初期坝的布置必须预先留有充足的排放空间。下游坝的最终高度往往受到坝脚条件的制约,诸如矿山占地界限、道路、公共设施、沟渠或地形约束。

下游坝升高方法的主要缺点是需要大量的筑坝材料和相应的较高费用。后期所用材料的来源可能制约坝的施工，特别是采用矿山废石和尾矿砂筑坝的场合，这些材料近乎以恒率产生，而每个相继的下游坝的升高所需要的材料量则随着坝体升高成指数律增加。因此，必须保证材料生产率在坝的整个服务期间始终充足供应。

1.3.2.3 中线式尾矿筑坝法

中线式尾矿筑坝法是指湿式尾矿库在初期坝轴线处用旋流器等分离设备所分离出的粗尾砂堆坝的筑坝方式，如图1-10所示。其特点是堆积坝坝顶轴线始终不变。中游法堆坝的堆积坝，是以初期坝轴线为堆积坝坝顶的轴线始终不变，以旋流器的底流沉砂加高并将堆积边坡不断向下游推移，待堆至最终堆积标高时形成最终堆积边坡，旋流器的溢流排入堆积坝顶线的上游。这种堆积坝改善了尾矿库支承棱体的基础条件，支撑棱体基本上由旋流器底流的粗尾矿堆积而成，浸润线也有所降低，对堆积坝的稳定有利，坝体质量可控，渗透性较强，浸润线低，坝体稳定性较好，因此生产上希望采用这种堆积坝，但用旋流器筑坝又给生产带来很多麻烦，如旋流器的移动和管理，临时边坡的稳定及扬尘等问题，使其应用受到限制，加之基建投资高，筑坝工艺较复杂，管理较复杂，受地形限制，运营费用高。

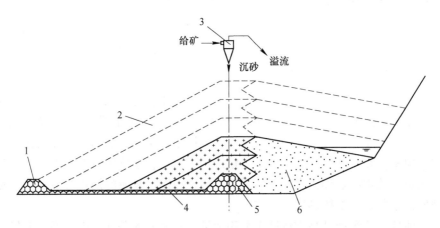

图1-10 中线式尾矿筑坝法示意

1—下游挡堤；2—堆积坝；3—旋流器；4—排水层；5—初期坝；6—细尾砂

中线式尾矿坝升高方法在许多方面兼顾上游法和下游法的升高方法，因此，在一定程度上它具有这两种方法的优点。中线坝升高方法从构筑初期坝开始，从坝顶周边排放尾矿，形成沉积滩，通过向下游坡面和上游沉积滩排放填料使坝体相继升高。

由于坝内能够提供内部排水带，地下水位控制不像上游坝对池水位置那么敏感。周边排放，即使是以尾矿泥为主包含少量尾矿砂也足以在排放点附近沉积成一个较窄的沉积滩，完全可以在坝升高过程中支承填料。

与下游坝不同，中线坝升高方法不能永久性地贮积很深的水，但是，假如尾矿坝设计中采用了内部不透水带和排水带，则允许池水在洪水期临时上升，不会对坝体结构稳定性产生不利影响。

中线坝升高速度总体上不受孔隙压力消散等因素控制，但是，上游沉积滩上排放高度受沉积滩材料的不排水抗剪强度的限制。由于能够压密筑坝材料的本体，内部排水能够控制饱和程度，因此中心线坝一般具有良好的抗震性，即使沉积滩尾矿液化，也只能在上游沉积滩局部发生破坏，只要坝的中心和下游部分保持完整，且池水不直达坝体，一般地，坝总体完整性和稳定性不会受很大影响。

根据《尾矿设施设计规范》（GB 50863—2013）和《尾矿库安全规程》（GB 39496—2020）的规定，下游式或中线式尾矿筑坝应满足下列要求：

（1）下游式或中线式尾矿筑坝分级后用于筑坝的 $d \geqslant 0.074$ mm 的尾矿颗粒含量不宜少于 75%，$d \leqslant 0.02$ mm 的尾矿颗粒含量不宜大于 10%，否则应进行筑坝试验。筑坝上升速度应满足沉积滩面上升速度的要求。

（2）下游式和中线式尾矿坝坝顶外缘至设计洪水位时水边线的距离不宜小于表 1-3 中的最小干滩长度，和坝顶与设计洪水位的高差不应小于表 1-2 的最小安全超高值。

表1-3 下游式和中线式尾矿坝的最小干滩长度

坝的级别	1	2	3	4	5
最小干滩长度/m	100	70	50	35	25

注：地震区的最小干滩长度还应满足现行国家标准《构筑物抗震设计规范》（GB 50191—2012）的有关规定。

1.3.2.4 模袋法

模袋法堆存是尾矿堆存工艺从环境效益和经济效益出发，借鉴了泥沙充装技术，将其应用到尾矿堆存中。袋式堆存尾矿库不受地形限制，尾矿库溃坝安全隐患小，土地占用量和初期投资少，运行、管理费用低，便于资源二次利用及复垦，适用于小型矿山。袋式堆存的特点：（1）尾矿浆中加入一定比例的絮凝剂，采用浓密机浓缩后使矿浆浓度达到40%~50%；（2）尾矿灌入特殊材质模袋中，通过自然脱水和上层重力对袋子的静压脱水，使尾矿随袋成型堆积；（3）尾矿随袋成型筑成的堆积体稳固，并容易堆高；（4）库容利用率大于0.9。新型袋式干堆技术是依据尾矿的理化性质和污染物成分，选择适用的土工织物充填尾矿，然后进行入库堆存。老挝某铁矿尾矿袋式干堆技术得到成功应用，项目厂区属热带、亚热带季风气候，潮湿度较大，全年年平均气温28℃，降雨量充沛，湿度变化较大，针对这种气候特点和铁矿尾矿的性质，采用高压高效深锥浓密机絮凝浓缩，底流浓度可达到40%~50%，在尾矿浆加入絮凝剂经浓密机浓缩后，输送灌入模袋中，尾矿随袋成型堆排。

其原理类似于防洪用砂袋，即将两张单层高强度、孔隙符合要求的土工袋制成袋子形状，在上部留有多个排放口，通过排放口向袋内充填尾矿。模袋法的原理是在模袋透水不透砂特性下，袋内尾砂逐渐固结形成稳定具有较高强度的模袋充填体。其可与上游法、池田法等结合使用，筑坝时是利用类似砖砌工艺将模袋充填体交错堆坝，坝体结构示意图如图1-11所示。

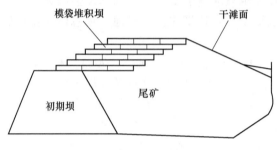

图1-11　模袋法筑坝示意图

1.3.3　干式堆排型尾矿库

干式尾矿库是指入库尾矿不具自然流动性，采用机械排放尾矿且非洪水运行条件下库内不存水的尾矿库，常见的筑坝工艺中膏体堆存法属于干式堆排型尾矿库。对于水资源缺乏、尾矿库纵深不能满足湿式堆存要求或有其他特殊要求，并经技术经济比较合理时，可采用尾矿干式堆存。尾矿干式堆存应将选矿厂排出尾矿经脱水处理，满足干式运输、堆积及碾压要求的，方可进行堆存。干式尾矿排放方式有库尾排矿、库前排矿、库中排矿及周边排矿方式，在库下游设回水澄清池。

（1）库尾排矿。即由库区尾部（上游）向库区前部（下游）排放的方式。排矿时自上而下，按设计要求设置台阶并碾压，台阶高度不宜超过15m，平台始终保持1%~2%的坡度坡向拦挡坝方向。

（2）库前排矿。类似上游法筑坝，排矿自拦挡坝前向库尾推进，边堆放边碾压并修整边坡。

（3）库中排矿。排矿自库区中部向库尾和库前推进，边堆放边碾压，设计最终堆高时一次修整堆积坝外坡。

（4）周边排矿。排矿自库周向库中间推进，始终保持库周高、库中低，边堆放边碾压并修整边坡。

干式堆存尾矿库堆积坝最终外坡面每5~10m高设一道平台，平台上修建永久性纵、横向排水沟。干式堆存尾矿库平时库区表面不应积存雨水,汛期降雨时库区积存的雨水须及时排出库外,排空时间不超过72h。排入库内的尾矿应按设计及时整平、碾压堆存。干式堆存尾矿库禁止干、湿尾矿混排。

干式尾矿库的设计应符合下列要求:

(1) 年降雨量均值超过800mm或年最大24h雨量均值超过65mm的地区,不应采用库尾式、库中式尾矿排矿筑坝法;

(2) 堆存尾矿含水率应满足尾矿排矿和筑坝要求;无黏性、少黏性尾矿含水率不应大于22%,黏性尾矿含水率不应大于塑限;

(3) 应针对不良气候条件对作业过程的安全影响采取可靠防范措施;

(4) 正常运行条件下,库内不应存水。

干式尾矿库的尾矿排矿筑坝应符合下列要求。

(1) 尾矿排矿筑坝应边堆放边碾压,堆积坝顶面坡度应满足排水的要求,并不得出现反坡;当堆积坝顶面倾向堆积坝外边坡或库周截洪沟时,堆积坝顶面坡度不应大于2%。

(2) 尾矿排矿筑坝期间应设置台阶,分层碾压排放作业的台阶高度不应超过10m,台阶宽度不应小于1.5m,有行车要求时不应小于5m;推进碾压排放作业的台阶高度不应超过5m,台阶宽度不应小于5m;运行期间台阶的坡比应满足稳定要求。

(3) 无黏性、少黏性尾矿分层厚度不得超过0.8m,黏性尾矿分层厚度不得超过0.5m。

(4) 尾矿排矿筑坝过程中,应分阶段尽早形成永久边坡,影响堆积坝最终外边坡稳定的区域应采用分层碾压排放作业,压实度不应小于0.92。

膏体制备是指将选厂排出的低浓度料浆通过深锥浓缩机浓缩至膏体的整个过程。膏体制备系统主要包括絮凝剂制备系统(也有部分矿山不添加絮凝剂)、深锥浓缩系统等。利用絮凝剂制备系统可将絮凝剂干粉和水按一定比例混合制成絮凝剂。将絮凝剂添加至尾砂浆中,可在很大程度上加快尾砂颗粒沉降,提高底流浓度。絮凝剂制备系统基本都为智能操作系统,可实时获得相关监测数据。近年来,在商业脱水浓缩机的设计和装备研发与应用方面均取得了较大进展。

膏体料浆经管道输送至尾矿库,通过排放口排入尾矿库中,借助自然条件进行干燥、固结,使含水率迅速降至最低,从而获得更高的强度,该过程即为膏体堆存。膏体堆存法就是利用膏体尾矿的优点,在库内树立排放管道,尾矿自管道排放后,由于重力作用,形成"圆锥"状,并逐渐固结,如图1-12所示。

根据相关资料,膏体排放方式有坝上排放、中心排放、四周排放等多种方

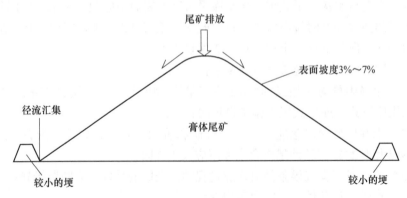

图 1-12　膏体堆存法筑坝示意图

式，其中中心排放法坡度一般在 2%～10%。膏体堆存影响因素如下。

（1）自然条件。膏体尾矿排入尾矿库后，需借助自然条件进行迅速干燥，故膏体堆存受到自然条件的影响较大，即阳光强烈、通风状况良好的地带以及降雨量小于蒸发量的地区较有利于膏体堆存。

（2）堆积角度。不同类型、不同浓度的膏体尾矿会形成不同堆积角，堆积角对尾矿库总容积、尾矿蒸发固结作用、坝体稳定性等方面具有重要影响。

（3）排放浓度。膏体排放浓度对膏体尾矿堆存效果的影响较大，即排放浓度决定了膏体尾矿的初始含水率。膏体作为具有一定黏度的浆体，不同浓度的膏体自流将会形成不同大小的坡度。

（4）布料厚度。布料厚度对膏体尾矿的蒸发作用影响较大，据 Bulyanhulu 矿山实践经验，布料厚度不宜超过 30cm，这是因为布料过厚易导致蒸发不充分，从而影响膏体强度的提高。

（5）排放周期。排放周期决定了上层膏体尾矿的蒸发时间，蒸发时间越长，膏体尾矿蒸发得越彻底，更有利于膏体强度的提升。一般来讲，排放周期可根据尾矿库的容积、生产排矿量等因素计算得出。

（6）排放口布置。排放口的布置决定了库内尾矿排放工艺的选择，对尾矿库容积、库内膏体尾矿蒸发固结程度等因素具有重要影响。

1.3.4　各种筑坝工艺特点和适用范围对比

我国筑坝工艺的发展是一个学习、认识、研究的过程，从学习水库大坝起步，到对尾矿库的清晰认识，并通过在工程实践中不断研究改进，形成了多种筑坝工艺。我国最早出现和成熟的筑坝工艺是上游法，迄今为止约有 85% 以上的尾矿库采用。本小节简单介绍了几种工艺的作用机理，其特点和适用范围见表 1-4。

表1-4 筑坝工艺特点和适用范围比较

筑坝工艺	优点	缺点	适用范围
上游法	筑坝工艺简单，管理容易，运营费用低，对坝址地形要求不高，国内普遍采用	含细粒夹层较多，影响渗透性能，矿浆含水量大，易在库内形成汇水区，浸润线位置较高，且筑坝施工不连续，具有间断性	适用性较广，但在高寒地区和细粒尾矿库应用比较困难
下游法	尾矿堆积坝坐落在坚实的基岩上，坝体基础较好，坝体颗粒较粗，所以下游法较上游法浸润线高度低，抗震性能好	对粗粒尾矿需求大，管理复杂，难度大	多适用于坝轴线短、粒径较粗的尾矿
中线法	较上游法坝体渗透性强、浸润线低、坝体力学强度高，具有较强的坝体稳定性及良好的抗震性；较下游法所需粗颗粒尾矿少，筑坝费用相对低一些	对粗粒尾矿需求大，管理复杂，难度大	多适用于坝轴线短、粒径较粗的尾矿
模袋法	解决了细粒尾矿筑坝的问题，坝体固结时间快，上升速率加快，易满足生产需求；投资较低，安全性高	出现时间较短，技术还不是特别成熟，原则上没有脱离上、中、下游法	通常在尾矿库的加高扩容方面应用较多
膏体堆存	基建投资低，管理和日常维护费用较低，回水利用率高，减轻了水污染；滩面稳定快，恢复尾矿库植被快，复垦和闭库花费少	设备大部分依赖进口，设备投资大，且电耗大；国内实际工程应用较少，技术还不够成熟	适用于库区范围较大、气候干燥、水分匮乏的地区

随着近年来矿产资源的大量开采，矿石开采品位越来越低，需要通过提高磨矿细度和引进先进选矿工艺来保证矿产品回收率，导致选矿厂排放的尾矿粒度也越来越细，其尾矿库细粒筑坝存在较多问题。

（1）细粒尾矿细颗粒含量多，力学性能较差，库内软弱层较厚，坝体稳定性较差，所以细粒尾矿堆积坝高度通常较低，目前国内通常为20～30m，最高不超过40m。

（2）根据尾矿的沉积规律，通常认为+0.037mm的尾矿在分散放矿时可以形成沉积滩；-0.037～+0.019mm的颗粒沉积较好；-0.019mm颗粒不易沉积。因而细粒尾矿较难形成干滩面，不易满足筑坝条件，且滩面坡度缓，防洪条件也不易满足。

（3）细粒尾矿通常渗透性较差，在10^{-5}～10^{-7}cm/s之间，因而浸润线位置较高，而浸润线是尾矿库的生命线，其高低能直接影响尾矿坝的稳定性。

（4）细粒尾矿筑坝时，滩面不易快速干燥，不易满足施工条件，影响施工周期。

综上所述，针对细粒尾矿筑坝问题，常见的筑坝工艺存在多种限制因素，有的是基本的筑坝条件不能满足，有的是技术方面不成熟。对于上游法来说限制因素是细粒尾矿渗透性差、滩面固结时间长，不满足机械及人工筑子坝作业条件；对于中线法和下游法来说限制因素是细粒尾矿粗颗粒含量少，不满足筑坝需求量；对于池田法和模袋法，这两种方法多以上游法为筑坝原则，亦存在上游法具有的限制因素；对于膏体堆存法来说限制因素是浓缩费用高昂，技术不够成熟，无实例参考。因而筑埂沉坝法是一项开创性筑坝工艺，能够解决细粒尾矿筑坝问题，具有宽广的应用前景。

1.3.5　尾矿库等级划分

根据《尾矿设施设计规范》（GB 50863—2013），尾矿库等别应根据尾矿库的最终全库容及最终坝高按表1-5确定。尾矿库各使用期的设计等别应根据该期的全库容和坝高分别按表1-5确定。

表1-5　尾矿库各使用期的设计等别

等别	全库容 $V/\times10^4 m^3$	坝高 H/m
一	$V \geqslant 50000$	$H \geqslant 200$
二	$10000 \leqslant V < 50000$	$100 \leqslant H < 200$
三	$1000 \leqslant V < 10000$	$60 \leqslant H < 100$
四	$100 \leqslant V < 1000$	$30 \leqslant H < 60$
五	$V < 100$	$H < 30$

注：1. 当两者的等差为一等时，以高者为准；当等差大于一等时，按高者降一等。

　　2. 对于露天废弃采坑及凹地储存尾矿的，周边未建尾矿坝时，不定等别；建尾矿坝时，根据坝高及其对应的库容确定库的等别。

　　3. 除一等库外，尾矿库失事将使下游重要城镇、工矿企业、铁路干线或高速公路等遭受严重灾害者，经充分论证后，其设计等别可提高一等。

1.4　尾矿库失稳破坏模式

尾矿坝是由尾矿材料组成的散粒体堆积坝，影响尾矿坝稳定性进而导致尾矿库溃坝事故的原因是多方面的，其中既包括运行管理方面的因素，也有环境、设计方面的因素。对于不同的尾矿库，发生溃坝的原因、溃坝机理均存在一定差异，国内外学者通过对大量尾矿库溃坝事故分析，提出导致尾矿坝溃坝的因素主要包括：洪水漫顶，地震液化，渗透破坏，坝基、边坡失稳破坏等。本节针对常见的导致尾矿坝破坏的因素进行进一步分析。

1.4.1 洪水漫顶

尾矿库遭遇洪水时，若防洪、排洪能力不足或排洪设施出现问题，则库区水位在短时间内上升较快，尾矿坝由于其透水性低，在较短的时间内浸润面变化不大，多余的水难以排出，容易造成尾矿坝洪水漫顶，洪水漫顶是尾矿库溃坝的重要原因之一，由于排洪设施的设计、施工或管理不能满足要求，往往会造成尾矿库排洪能力不足、排洪设施出现堵塞垮塌，汛期时大量雨水涌入库内。在发生洪水漫顶时，漫顶水流产生的对尾矿颗粒的拖曳力作用在坝体下游，当拖曳力超过该处的抗蚀临界值后，水流对坝体产生侵蚀作用。冲蚀由下游开始并逐渐发展至上游，从而引发溃坝事故，如图 1-13 所示。

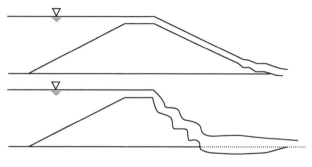

图 1-13　洪水漫顶冲蚀

在汛期出现的洪水，引起库内水位不断上升，当超过坝顶后，坝顶就会产生缺口，受水流的冲刷作用，溃口不断扩大，导致土体坍塌，丧失稳定性。引发洪水漫顶的原因是多方面的，究其原因主要包括：（1）尾矿库泄洪能力不足，其中包括调洪库容不足，排洪设施损毁堵塞；（2）坝顶超高不足，洪水设计标准过低，设计断面过小，最小安全干滩长度不足；（3）施工质量、运行管理也在一定程度上影响着尾矿库的防洪能力；（4）缺乏应急能力。应急能力不足的原因可能为在汛期来临前没有编制相应的应急预案，没有安排救援人员和配备物资。1961 年 8 月，江西峏美山尾矿库土坝因排水管出口被泥砂淤堵，排洪能力降低因而发生漫顶溃坝事故；1985 年 7 月，湖南东坡铝锌矿尾矿库由于漫顶溃坝造成 47 人死亡；2010 年 9 月，广东信宜紫金矿业银岩锡矿尾矿库发生溃坝事故造成 28 人死亡，其原因是排水井进水口超高，造成洪水漫顶进而溃坝。

从以上溃坝过程来看，洪水漫顶下尾矿坝的破坏主要是洪水侵蚀直至尾矿坝失稳。虽然目前关于洪水漫顶导致尾矿坝侵蚀而渐近失稳机理的研究较少，但可以借鉴土石坝的研究成果。这类侵蚀机理总体可归为两类，即水力侵蚀和重力侵蚀，考虑到洪水漫顶情况下往往伴随强降雨，侵蚀还包括强降雨导致的液化侵蚀。洪水漫顶流经尾矿坝坡面时，由于来流强度大于尾矿砂的渗透强度，在坝面上会形成径流，径流使尾矿坝表面出现拉沟，导致水力侵蚀；漫顶后水流一部分渗入尾矿坝，导致尾矿砂饱和，增加了尾矿坝体的自重，造成了重力侵蚀，同时尾矿砂饱和后消除了尾矿砂非饱和效应，降低了尾矿砂的强度，进一步降低了尾矿坝的稳定性。此外在洪水漫顶前，往往存在着强降水，坡体在降雨过程中，雨水入渗使土体发生颗粒迁移，改变了土体的微结构而形成堵塞区，使孔隙压力升高、土体抗剪强度降低；同时降雨对土体产生一定的激振力，为表层土体液化创造了条件，造成了液化侵蚀。

1.4.2　地震液化

许多尾矿库修筑在强震区，矿产资源分布与地震带分布具有一定的重合性，许多矿山位于地震区，甚至设防烈度为 8、9 度的强震区。不同的筑坝形式由于筑坝工艺的不同，导致抗震能力有区别。相比于其他堆坝方法，上游式尾矿坝由于堆坝工艺自身的原因，坝体内浸润线较高，尾矿固结程度差，在地震作用下更容易产生事故，故发达国家在地震区一般禁止修建上游式尾矿坝，而采用中线式、下游式或干式堆存法；而下游与中线式尾矿堆积坝可应用于设计地震烈度 8~9 度的场所。而大多数尾矿坝的筑坝工艺采用上游式，上游式筑坝方式的抗震能力弱，随着可采资源的减少和选矿技术的发展，加之一些矿山将粗粒尾矿用于井下充填，许多尾矿库入库尾矿颗粒很细，故采用下游法或中线法筑坝存在粗颗粒严重不足的情况。

1.4.2.1　地震作用机理分析

由于地震惯性力作用使滑动力或力矩增加而引起的地震使坝坡滑移，其滑动形式表现为一部分土体沿一滑动面滑动。含有饱和尾细砂、尾粉砂和尾粉土的坝体在地震时的滑移主要是孔隙水压力的增加，抗剪强度降低引起的，其滑动形式为流滑。因此，地震作用引起主要的溃决模式有：渗流破坏、液化、漫顶、结构破坏（裂缝、滑动）。地震时震动能量是从震源以地震波的形式通过岩土介质向外传播和扩散的，在这过程中，地震波的作用导致介质质点能量状态改变，使之产生位移变动，从而表现为震动与震动破坏，地震烈度不同，介质内分布的能量密度不同，所引起的振动及破坏的程度亦有所不同。

坝体液化的孔压破坏机理为：由于尾矿坝的筑坝材料具有疏松多孔的性质，地震作用下，颗粒重新排列，间距变小，原本由颗粒承担的应力将作用在孔隙水压力上，加之坝体内埋藏较浅的地下水的影响，孔隙水压力不断变大，当其到达或超过土体自重时，颗粒的有效应力为零，颗粒就会悬浮起来，丧失抗剪强度，发生事故。

1.4.2.2 尾矿坝地震液化影响因素

饱和砂土或尾矿泥受到水平方向地震运动的反复剪切或竖直向地震运动的反复振动，坝体发生反复变形，因而颗粒重新排列，孔隙率减小，坝体被压密，饱和砂土或尾矿颗粒的接触应力一部分转移给孔隙水承担，孔隙水压力超过原有静水压力，与坝体的有效应力相等时动力抗剪强度完全丧失变成黏滞液体，饱和砂土或尾矿发生振动液化破坏。饱和砂土或尾矿泥液化是一种相当复杂的现象，它的产生、发展和消散主要由土的物理性质、受力状态和边界条件所制约。影响因素概括起来主要有以下几方面。

（1）尾矿物理性质条件：主要指尾矿颗粒的组成、颗粒形状、颗粒大小、颗粒排列状况、尾矿密度等。相对密度 D_r 越大，抗液化强度越高，排列结构稳定和胶结状况良好的尾矿同样具有较高的抗液化能力，粒径大的尾矿比粒径小的尾矿也较难发生液化。根据我国的水工建筑物抗震设计规范，当相对密度在 0.3 ~ 0.7 之间时，砂土发生液化时的剪应力比大致与相对密度成正比。在地震烈度为 7 度时，饱和砂土的相对密度小于 0.7 时可能发生液化；在地震烈度为 8 度时，相对密度小于 0.75 可能发生液化；在地震烈度为 9 度时，相对密度小于 0.80 ~ 0.85 时可能发生液化。

（2）埋藏条件：主要指上覆土层厚度、应力历史、砂土的渗透系数、排渗路径、排渗边界条件、地下水位等。覆盖有效压力越大，排水条件越好，液化的可能性越小。震前土的初始应力状态对抗液化能力有十分显著的影响。

（3）动荷条件：主要指动荷载的频率、波型、振幅、持续时间和多向振动等。震动的频率越高，震动持续的时间越长，越容易引起液化。对于液化的抵抗能力在正弦波作用时最小，而且，震动方向接近尾矿的内摩擦角时抗剪强度最低，最容易引起液化。地震应力引起的坝体内部剪应力增大是影响尾矿坝稳定性的重要因素。不考虑水对边坡稳定性的影响，将地震看成影响和控制边坡稳定的主要动力因素，由此产生的位移、位移速度和位移加速度与地震过程中地震加速度的变化有着密切的联系。

（4）排水条件：当土体的渗透性好时，排水就快，不易发生液化，当渗透性较差时，如黏粒含量大，也可不发生液化，如黏粒含量较少，就可能发生液化。

1.4.3 渗透破坏

尾矿坝作为一种透水性坝体，渗流场对其稳定性意义重大，在造成尾矿坝溃坝事故的众多因素中，渗流破坏是主要诱因之一。正常稳定的渗流可以加速尾矿库干滩的形成和尾砂的固结，提高坝体的安全稳定性。若坝体没有进行合理的设计及施工，未根据稳定运行要求设置坝体排渗层，将会造成坝体浸润线偏高，有可能引发溃坝事故。尾矿库在运行过程中，当坝体内部的不同位置存在水位差时，水就会通过坝体中的孔隙由高水位向低水位流动，这个过程称为渗流。其中尾矿堆积坝具有以下渗流特点：

（1）重要性：在水的重力作用下，尾矿库水面区向下游形成逐渐降落的渗流水面，在堆积坝横断面上显示为浸润曲线。浸润线以下的坝体就承受渗透水压力，其值为渗透坡降水容重与体积的乘积，它与坝坡的安全稳定有着密切的关系。

（2）复杂性：由于尾矿堆积体中放矿的不均性，导致大量夹层的存在，因此除主浸润线外尚存在众多的支浸润线，主要包括粗粒土中的细泥夹层可产生上层滞留浸润线、细粒土中的粗粒夹层可产生超压浸润线和放矿水流垂直下渗亦可局部抬高浸润线。

（3）危险性：浸润线逸出形成沼泽化在上升水流作用下土体变松软，强度变低，因此必须予以治理，当渗透水流的渗透坡降大于尾矿的允许渗透坡降则会发生流土管涌现象，由于流土发展速度迅速，如不及时处理就会酿成大祸。

（4）可监视性：近年来尾矿堆积坝可通过在线监测。由于堆积坝内排渗设施的存在，在暴雨季节，即使滩上洪水位大幅上升，堆积坝体内浸润线变化幅度较小且十分稳定，监视效果较好。

水在渗流过程中对尾矿砂施加的作用力即渗透力，当渗透力大于尾砂之间的作用力时，就会引起尾砂的运动，严重时会形成流土、管涌，最终将导致尾矿坝坡面水饱和、松软，直至塌滑。渗透破坏不仅可以发生在汛期，在非汛期也可以发生，但是由于汛期库水位增高使得坝体浸润线抬升、渗流坡降加大，因此汛期发生渗透破坏的概率较非汛期概率大很多，渗透破坏主要以管涌和流土破坏为主。

1.4.3.1 管涌破坏

尾矿砂在渗流的作用下，细粒尾矿砂沿着坝体骨架颗粒形成的孔隙中发生移动的现象，即管涌。尾矿坝形成管涌应具备以下两个条件：（1）几何条件：坝体中由粗粒尾砂构成的孔隙大于细粒尾砂的直径；（2）水力条件：渗透力大于尾砂之间的作用力，能够带动细粒尾砂在孔隙中发生移动。当条件满足后，在尾矿坝体内将发生管涌，导致尾矿渗透性增强，造成尾矿库产生内部裂缝和局部坍塌。2007年6月，江西德兴市罗家墩金矿尾矿库因渗透破坏发生管涌而发生溃坝，该起事故造成下游大量农田被淹没。管涌破坏简图如图1-14所示。

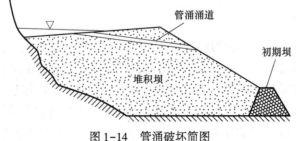

图1-14 管涌破坏简图

1.4.3.2 流土破坏

流土，也称为流砂，是指土体中的颗粒群在渗流作用下，颗粒间有效应力为零时，颗粒群发生悬浮、移动的现象。它既可以发生在非黏性土中，也可以发生在黏性土中。流土发生在非黏性土中时，其主要形式表现为泉眼群、沙沸、土体翻滚而最终被渗流托起；在黏性土中则表现为土块隆起、膨胀、浮动、断裂等。当尾矿坝坝坡发生流土，导致坝体被不断侵蚀，坝体会发生局部失稳，直至溃决。1986 年 4 月，安徽黄梅山尾矿坝因生产中于两坝端放矿，导致中部坝体软弱、外坡沼泽化，进而发生溃坝事故，损失惨重。流土破坏简图如图 1-15 所示。

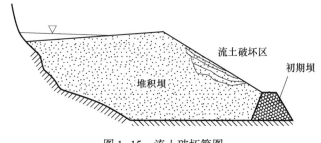

图 1-15　流土破坏简图

流土的形成条件通常应具备以下两点：（1）岩性。土层由粒径均匀的细颗粒组成，且土中含有较多的片状、针状矿物和附有亲水胶体矿物颗粒，一定程度上能够增加岩土的吸水性，同时降低土颗粒质量。（2）水动力条件。水力梯度比较大时，水的流速增大，当沿渗流方向的渗透力大于土的有效重度时，就能使土颗粒悬浮流动形成流土。

使尾矿砂开始发生流土现象时的水力梯度称为临界水力梯度。当渗透力等于尾矿砂的浮重度时，尾矿砂处于形成流土的临界状态，可用式（2-1）表示：

$$i_{cr} = \gamma'/\gamma_{w_i} = (G_I - 1) \cdot (1 - n) \tag{2-1}$$

式中，i_{cr} 为临界水力梯度；γ' 为尾矿的浮容重；γ_{w_i} 为渗流力。

目前对尾矿库渗流场的研究主要包括理论方法、模型试验和数值模拟。渗流场理论研究的基础是渗流模型、Decy 定律和地下水连续性方程，由于尾矿库地形复杂，采用理论方法研究渗流场，边界条件难以准确描述，求解尾矿库渗流场精确解存在困难。模型试验也是确定尾矿库渗流场的常用方法，采用模型试验研究尾矿库渗流场时由于受到相似条件的限制，其试验结果受试验条件影响较大且费用较高。目前数值模拟广泛地应用到尾矿库渗流场研究中。尾矿坝材料长期在透水作用下难以正常固结，孔隙比较大，材料强度参数较低，容易发生液化而导致溃坝，同时渗流场存在孔隙水压力，减小了浸润面以下尾矿坝潜在滑移面上的有效应力，从而降低了土体抗剪强度。此外，在外界条件作用下浸润线埋深骤变，导致坝体自重应力发生变化、尾矿坝中原非饱和区尾矿砂材料强度发生变化、渗流场中水力坡度发生变化，对尾矿坝的稳定性造成影响，当尾矿坝坝坡较陡时，易造成尾矿坝深层剪切滑移破坏，这种类型破坏历时短，泄砂量大，溃坝后泥石流演进速度快、冲击强度大，往往对下游一定距离造成很大的危害，如鞍山市海城尾矿库、广西南丹尾矿坝溃坝等。在渗流场作用下，尾矿砂材料可能发生渗透变形。经典土力学中美籍奥地利土力学家、现代土力学的创始人太沙基给出了流土发生的判据。对于尾矿坝而言，当渗透变形条件满足后，在尾矿坝体内将发生管涌，发生管涌后尾矿砂材料性质将发生变化，导致尾矿砂渗透性增强，同时材料强度和变形模量的降低，造成尾矿库内部裂缝和局部坍塌；同时在尾矿坝坝坡表面发生流土，导致坝坡侵蚀，当坝坡侵蚀到一定程度，坝坡发生局部失稳，致使更多的渗流水逸出导致侵蚀加剧，从而使得尾矿坝发生一系列的滑移破坏，最终导致尾矿库的溃坝。

土体在渗流的作用下，会出现变形与破坏，影响土体的完整性与整体性。渗流作用会导致坝体内浸润线的位置升高，当浸润线的位置过高时，渗流水会从坝体内流出，影响坝体稳定性。不同于溃坝与漫顶，后者在汛期发生，前者既可在汛期也可在非汛期发生。

1.4.4 坝基、边坡失稳破坏

引起尾矿库坝基、边坡失稳的原因较多，主要包括三个方面。

（1）滑坡。滑坡是指尾矿坝坝体受到雨水冲刷浸泡、地震或人为破坏等因素影响下，坝体沿着软弱面，整体或分散地顺坡向下滑动的现象。滑坡过程分为三个阶段：蠕滑阶段、滑动阶段和剧滑阶段。当处于前两个阶段时，坝体变形十分微弱，可历经数月甚至数年，往往难以被察觉，通常可根据地表裂缝对其进行判断和预测。2012 年 6 月，山东有两座尾矿库因堆积坝外坡陡、干滩长度短，再加上连日降雨导致库内水位上升，坝体浸润线升高致使堆积坝坝体渗流滑坡。滑坡示意简图如图 1-16 所示。

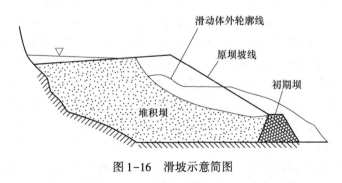

图 1-16 滑坡示意简图

（2）滑塌。滑塌是指已沉积的坝体在重力作用下发生变形和位移。通常是施工质量差或人为破坏所导致。

（3）塌陷。坝体密实度不均匀，碾压密实度未达到设计要求可造成塌陷。目前尾矿坝静力抗滑稳定性的典型计算方法为极限平衡法和强度折减法。极限平衡法已经成熟，《尾矿坝安全技术规程》（AQ 2006—2005）规定了采用极限平衡法分析尾矿坝静力稳定时不同等级尾矿坝对应的安全系数。采用强度折减法确定尾矿坝的安全系数，其优点是不需要假设滑移面的形状和初始滑移面的位置，如果与流固耦合相结合，则不需要事先确定尾矿坝的浸润线位置。但是，目前尚未建立起完善的强度折减过程中尾矿坝失稳判断准则，且目前规范尚无对该方法得出的安全数的限值规定，该方法的工程应用受到了限制。上述尾矿坝抗滑稳定性计算方法不能分析渗透变形作用下尾矿坝的渐近破坏问题，渗透变形导致尾矿坝的渐近破坏需要考虑到管涌导致尾矿砂材料性质的变化，如尾矿砂材料的渗透系数的变化、强度和变形特性的变化等，同时需要考虑到流土对尾矿坝的渐近侵蚀作用，计算模型的建立有较大的困难，目前这方面的研究还较少。

其中，关于坝体本身的破坏形式主要分为坝体裂缝和坝体滑坡，其中坝体裂缝是指坝体的某些细小裂缝有可能成为坝体集中渗漏的通道，裂缝的出现也可能是坝体滑塌的预兆。裂缝产生的主要原因有：坝基承载力不足导致局部坝体坍塌开裂、坝体边坡及断面尺寸设计不当、坝体施工质量差等。而坝体滑坡是具有突发性的，有些则是先由细小裂缝开始，然后裂缝慢慢扩大，最终导致滑坡，发生溃坝事故。滑坡按滑坡的性质可分为剪切性滑坡、溯流性滑坡和液化性滑坡；按形状可分为圆弧滑坡、折线滑坡和混合滑坡。

1.4.5　其他因素导致的溃坝

除去上述因素对尾矿坝会产生破坏之外，施工质量差、人为私挖乱采、矿山管理不当等都可以导致尾矿坝稳定性遭到破坏进而引发尾矿库事故。

通过对尾矿库溃坝成因的分析，可以看出尾矿库事故是多方面因素共同影响、相互作用的结果，因此若要深入剖析尾矿库溃坝的机理，需结合多方面因素进行考虑。且无论是基于何种因素影响下的溃坝事故，按照其溃坝时间长短，均可分为坝体瞬时溃决和逐渐溃决。一般认为松散介质体坝（尾矿堆积坝、土石坝等）由于洪水漫顶或渗透作用引起的溃坝事故均属于逐渐溃决，在溃坝初期，坝体上出现一个较小的溃口，随着水流的持续冲刷，溃口逐渐增大直至完全溃决。逐渐溃坝事故持续时间长，可以为下游应急响应提供时间。

2 国内外尾矿库事故案例

尾矿库是为了贮存金属矿山和非金属矿山因进行矿石选别而排出尾矿的，它与拦水坝等结构不同，尾矿库的筑坝材料性质、筑坝方式和失稳破坏机理更为复杂，其失稳破坏的危险指数也更高。尾矿库一旦发生事故，所产生的下泄尾砂流将给下游群众的生命和财产带来巨大的损失，同时对生态环境也会造成巨大的污染。美国克拉克大学公害评定小组的研究表明，尾矿库事故的危害，在世界 93 种事故、公害的隐患中，名列第 18 位。它仅次于核武器爆炸、DDT、神经毒气、核辐射以及其他 13 种灾害，比航空失事、火灾等其他 60 种灾害严重，直接造成百人以上死亡的尾矿库事故屡见不鲜。国际大坝委员会报告指出，在全球大坝事故中，尾矿库的事故数量是其他坝体的 2 倍，给生态环境修复和治理带来了诸多难题。

尾矿库最早在 19 世纪初建于日本和法国，第二次世界大战后，随着全球矿产业的发展，尾矿库的数量开始增多。近几十年来，随着全球矿业规模不断扩大，尾矿库溃坝、尾矿砂泄漏等事故的发生呈上升趋势。全球范围内，人类文明进步尤其是近代城镇化进程离不开各类矿产资源的开发利用，因此，尾矿库在大多数国家均有分布，特别是美国、加拿大、南非、澳大利亚、巴西、中国等矿产资源丰富国家。同时，全球矿产品需求量当前仍处于高位，而高品位、易采矿体逐渐开采殆尽，低品位矿体的开采和提取成为矿业未来发展方向之一，可以预见尾矿废弃物排放规模仍将持续增大。

2.1 中国的尾矿库溃坝事故

我国呈现出复杂多样气候类型，而大陆性季风气候显著的特征，其中冬季风产生于亚洲内陆，性质寒冷、干燥、在其影响下，中国大部地区冬季普遍降水少，北方更显突出。夏季风来自东南面的太平洋和西南面的印度洋，性质温暖、湿润。在其影响下，降水普遍增多，从而导致我国因降雨引起的溃坝事故多发。总的来说，国内尾矿坝溃坝事故致灾因素与国外不同，国外的溃坝事故有很多由于地震，相反国内这类原因的溃坝事故较少。另外，我国有相当一部分尾矿溃坝是违规建设造成的。中国尾矿库的部分溃坝事故及原因见表 2-1。

表 2-1　中国尾矿库的部分溃坝事故及原因

序号	位置	日期 （年-月-日）	矿类	筑坝 方式	坝高/m	溃坝原因
1	云南云锡大屯坝	1957	锡	—	—	漫顶溃坝
2	江西赣州岿美山尾矿坝	1960-8-27	—	—	—	漫顶溃坝
3	江西大余县西华山尾矿库	20 世纪 60 年代	钨	—	—	坝坡滑动
4	江西德兴银山铅锌矿尾矿坝	1962-7-2	—	—	—	坝体失稳
5	云南个旧新冠选厂火谷都尾矿库	1962-9-26	锡	上游法	—	漫顶溃坝
6	湖北阳新丰山铜矿上巢湖尾矿库	1969-9-8	铜	—	—	坝基软土失稳导致垮坝
7	江西大吉山钨矿 1 号尾矿库	1973-6-29	钨	—	—	渗流
8	大石河尾矿库	1976	铁	上游法	37	地震
9	天津碱厂白灰埝渣库	1976-7-28	—	—	—	地震
10	广东石人峰师姑山坑口尾矿坝	1980	—	—	—	—
11	陕西省华县木子沟尾矿库	1980-12 和 1981-9-6	—	上游法	—	排洪管事故
12	湖南东坡铝锌矿尾矿库	1985-7-23	铝锌	—	—	洪水漫顶溃坝
13	湖南省柿竹园有色矿牛角垅尾矿库	1985-8-25	磷	—	57.5	泥石流导致洪水漫顶
14	安徽马鞍山市黄梅山铁矿金山尾矿库	1986-4-30	铁	—	30	子坝挡水引起渗流破坏溃坝
15	河北邯郸西石门一期尾矿库	1987	—	—	—	子坝挡水造成溃口
16	山西广灵县尾矿库	1987-3-21	铁	上游法	31	坝体失稳
17	陕西华县金堆城钼业公司栗西沟尾矿库	1988-4-13	钼	上游法	164.5	排洪隧洞结构破坏引起尾矿泄漏
18	江西东乡铜矿尾矿库	1988-6-24	铜	—	—	排水井断裂引起尾矿泄漏
19	湖南新邵龙山金锑矿尾矿库	1988-9-2	金锑	—	—	漫顶

序号	位置	日期 (年-月-日)	矿类	筑坝 方式	坝高/m	溃坝原因
20	河南郑州铝厂灰渣库尾矿库	1989-2-25	铝	—	—	湿陷性黄土地基失稳导致垮坝
21	河南文峪金矿尾矿库	20世纪90年代初	金	—	—	漫顶溃坝
22	河南栾川县赤土店乡钼矿尾矿库	1992-5-24	钼	—	—	坝体坍塌
23	江西赣南某钨矿尾矿库	1993-5	钨	—	—	排水井堵塞引起溃坝
24	福建龙岩潘洛铁矿尾矿库	1993-6-13	铁	—	—	坝体失稳
25	云南永福锡矿尾矿库	1994-5-7	锡	—	—	坝体失稳
26	湖北大冶有色金属公司龙角山尾矿库	1994-7-13	铁	—	—	漫顶
27	河南嵩县祁雨沟金矿尾矿库	1996-8-3	金	—	—	渗流
28	广西南丹大厂镇鸿图选矿厂尾矿库	2000-10-18	锡	—	—	坝体失稳
29	云南武定德昌钛矿厂尾矿库	2001-7-10	钛	—	—	溃坝
30	陕西凤县安河铅锌选矿厂尾矿库	2004-4-22	铅锌	—	—	排水管破裂引起尾矿泄露
31	陕西渭南华西矿业公司黄村铅锌矿尾矿库	2004-8-28	铅锌	—	—	排水管破裂引起尾矿泄露
32	广西恭城铅锌矿尾矿库	2005-5-10	铅锌	—	—	漫顶
33	广西平乐县二塘锰矿	2005-9-21	锰	—	—	垮坝
34	山西临汾市浮山县峰光与城南选矿厂合用的尾矿库	2005-11-8	—	—	—	决口溃坝
35	河北迁安市菜园镇庙岭沟铁矿尾矿库	2006-4-23	铁	—	—	坝体渗水诱发溃坝
36	陕西镇安县米粮镇光明村尾矿库	2006-4-30	金	—	—	—

序号	位置	日期 (年-月-日)	矿类	筑坝 方式	坝高/m	溃坝原因
37	陕西旬阳县鑫源矿业有限公司火烧沟选矿厂尾矿库	2006-5-30	—	—	—	施工取土引起山体滑塌
38	陕西汉中市略阳县郭镇小畅沟金尾矿库	2006-7-14	金	—	—	擅自进入尾矿库挖坝掏取尾渣
39	四川会东铅锌矿老虎岩尾矿库	2006-8	铅锌	—	—	泥石流导致洪水漫顶
40	河南卢氏钼矿 1 号尾矿库	2006-8	—	—	—	排洪涵管坍塌引起尾矿泄漏
41	山西娄烦县马家乡蔡家庄村新阳光和银岩选矿厂尾矿库	2006-8-15	银	—	—	漫顶
42	贵州紫金矿业股份有限公司贞丰县水银洞金矿尾矿库	2006-12-27	金	—	—	子坝升高快而溃坝
43	山西繁崎县宝山矿业有限公司尾矿库	2007-5-18	—	—	—	侵蚀
44	广东罗城县一洞锡矿尾矿库	2007-6-8	锡	—	—	一级尾矿库泄漏,二级尾矿库垮坝事故
45	江西德兴市罗家墩金矿尾矿库	2007-6-14	金	—	—	管涌而溃坝
46	湖南省娄底市中泰矿业发展有限公司(铅锌矿)尾矿坝	2007-7-26	铅锌	—	—	涵洞坍塌引起尾砂泄漏
47	贵州省铜仁地区万山区贵州汞矿大水溪尾矿库	2007-7-26	汞	—	—	漫顶溃坝
48	辽宁海城西洋鼎洋矿业有限公司尾矿库	2007-11-25	—	—	—	坝体失稳
49	安徽马鞍山市银塘镇黄梅山铁矿丙子山矿东郊尾矿库	2008-4-18	—	—	—	结构性问题

续表2-1

序号	位置	日期 (年-月-日)	矿类	筑坝方式	坝高/m	溃坝原因
50	山东蓬莱市大柳行镇金鑫实业总公司金矿尾矿库	2008-4-22	金	—	—	坝体失稳
51	陕西汉中略阳县尾矿库	2008-5-12	—	—	—	地震
52	陕西山阳县王闫乡双河村永恒矿建公司双河钒矿尾矿库	2008-7-22	—	—	—	坝体失稳
53	山西襄汾县新塔矿区新塔矿业有限公司尾矿库980平硐尾矿库	2008-9-8	铁	上游法	50.7	子坝挡水引起渗流破坏溃坝
54	河北承德市平泉县富有铁矿尾矿库	2009-4-15	铁	—	—	坝体发生局部管涌，造成部分坝体坍塌
55	江西上犹县营前矿业有限公司尾矿库	2009-6-17	铅锌	—	—	排水斜槽与连接井处断裂造成尾砂泄漏
56	陕西汉阴县黄龙金矿尾矿库	2009-8-29	金	—	—	排洪涵洞塌陷
57	江西铜业公司银山铅锌矿尾矿库	2009-11-25	铅锌	—	—	老溢流槽斜槽盖板断裂出现尾砂泄漏
58	山西运城闻喜县中鑫矿业青山选矿厂尾矿库	2010-2-28	铁	上游法	—	溢洪明渠堵塞，引发坝体决口
59	福建上杭紫金山金铜矿的尾矿库	2010-7-3	金铜	—	—	—
60	福建上杭紫金山金铜矿的尾矿库	2010-7-16	金铜	上游法	—	—
61	广东茂名市信宜紫金矿业有限公司	2010-9-21	锡	—	—	泥石流导致洪水漫顶
62	河南栾川甘涧沟尾矿库	2010-7-24	—	—	—	泥石流导致洪水漫顶
63	四川松潘县绵阳市电解锰厂尾矿库	2011-7-21	锰	—	—	漫顶溃坝
64	湖北省郧西县人和矿业开发有限公司柳家沟尾矿库	2011-12-4	—	—	—	封堵断裂和井筒上部破坏，发生尾砂流失和泄漏

序号	位置	日期 （年-月-日）	矿类	筑坝 方式	坝高/m	溃坝原因
65	湖北省十堰市竹山县得胜镇永胜施家河铁矿尾矿库	2012-3-27	铁	—	—	漫顶溃坝
66	辽宁朝阳市建平县青峰山镇尾矿库	2013-10-10	—	—	—	—
67	云南金平昆钢金河有限公司李子箐尾矿库	2013-12-23	—	—	—	山体滑坡
68	浙江大金庄矿业有限公司遂昌县柘岱口乡横坑坪萤石矿尾矿库	2014-4-19	萤石	—	—	垮塌溃坝
69	河南内乡县下关镇卢家坪铅锌矿尾矿坝	2014-6-22	铅锌	—	—	坝体失稳
70	陕西省商洛市商州区麻池河镇九千岔村华迪有限责任公司采石场尾矿堆积坝	2014-9-19 和 2014-10-4	石粉	—	—	泥石流
71	甘肃省陇南市西和县甘肃陇星锑业有限责任公司尾矿库	2015-11-23	锑	—	—	尾矿泄漏
72	河南洛阳铝矿尾矿库	2016-8-8	铝	—	—	渗流
73	河南栾川县陶湾镇的龙宇钼业有限公司榆木沟尾矿库	2017-2-14	钼	—	—	溢流井坍塌
74	湖北黄石大冶有色金属有限责任公司铜绿山铜铁矿尾矿库	2017-3-12	铜铁	上游法	28	沉降
75	山东省平度市新河镇贾家尾矿库坍塌事故	2020-3-17	—	—	—	尾矿泄漏
76	黑龙江伊春鹿鸣尾矿库	2021-3-28	钼	上游法	71	坝体失稳

部分典型尾矿库溃坝事故案例的描述如下所示。

案例 1：1960 年 8 月 27 日，江西赣州岿美山尾矿库洪水漫顶事故。该库初期坝坝高 17m、宽度 3m、坝长 198m、相应库容 $5.0 \times 10^5 m^3$，库内设有直径 1.6m 的排水管、上部为 $0.5m \times 0.6m$ 双格排水斜槽。溃坝之前已连续降雨 16h，雨量达 136mm，库内已是汪洋一片，排水斜槽盖板已被泥沙覆盖，泄流不足，导致洪水漫顶、坝体溃决，冲走土方 $4 \times 10^4 m^3$，尾矿 $3 \times 10^4 m^3$，近千亩田地受害。事故原因如下。

（1）雨量考虑不周。这也与当时缺乏地区性气象资料有关。设计采用最大日降雨量仅为 100mm，且采用的径流系数仅为 0.4，造成洪水计算错误。

（2）对汇水面积大、库容小的峁美山尾矿库，在排洪设施设计中，应采取有效排洪措施，以保证坝体的安全。

初期库内蓄水位太高，暴雨之前仅剩 20 万立方米库容，由于施工时取消了初期排洪塔，且该库上游的排水斜槽被河谷急流中所挟带的大量泥沙覆盖，不但失去了排水控制能力，而且大大降低了排洪能力。

案例 2：20 世纪 60 年代，江西省赣州大余县西华山尾矿库发生坝体下沉达 1.8m，坝外坡局部滑动，下部隆起。所幸下游坡脚处有一天然台阻挡，而未溃坝失事。事故原因是该处坝基下部淤泥层厚较大，施工时未予全部清除。坝体筑在其上，因坝基承载不足导致坝体局部下沉，致使边坡滑动。

案例 3：1962 年 7 月 2 日，江西德兴银山铅锌矿尾矿库因排水管质量差，引起排水管折裂，各管段相互错动，减少过水断面，排水量达不到设计要求，以致尾矿库洪水漫顶溃坝。江西德兴银山铅锌矿尾矿库二期排洪隧洞因反滤封堵中反滤段下游的块石段长度严重不足，当反滤段压力升高后，块石段失稳迅速破坏，造成污染事故。反滤封堵设计中，块石段利用主动土压力的摩阻力来维持稳定，必须要考虑管（洞）壁与堆石摩擦系数的减小和块石段的安全长度。

案例 4：1962 年 9 月 26 日凌晨 2 点 30 分，云南个旧新冠选厂火谷都尾矿库发生溃坝事故，其尾矿库平面图如图 2-1 所示，坝顶中部决口，上宽 113m，下宽 45m，深约 14m，共涌出尾矿浆 368 万立方米。库水位由 1641.66m 降到 1633m。由于涌量大，冲击力猛，冲毁及淹没农田 8112 亩，损失粮食 675t，造成 11 个村寨及 1 座农场被毁，冲毁房屋 578 间，伤亡 263 人，其中死亡 171 人，受灾人口达 13970 人，同时还冲毁淤塞河道 1700m，冲毁和淹没公路长达 4.5km，公路水渠破坏严重，大量厂矿企业停产，损失极其严重。本次事故造成了巨大的人民生命、财产损失，是我国尾矿库事故中最为严重的一次。

火谷都尾矿库位于我国云南省红河州境内，为一个自然封闭地形。它位于个旧市城区以北 6km，西南与火谷都车站相邻，东部高于个旧—开远公路约 100m，水平距离 160m，北邻松树脑村，再向北即为乍甸泉出水口，高于该泉 300m，周围山峦起伏，地势陡峻。库区有两个垭口，北面垭口底部标高 1625m，东部垭口底部标高 1615m，设计最终坝顶标高 1650m，东部垭口建主坝，待尾矿升高后，再以副坝封闭北部垭口。该库位于岩溶不甚发育地区，周边有少许溶洞，主坝位于库区东部垭口处。

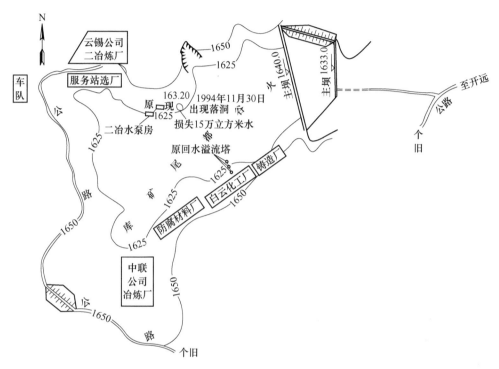

图 2-1 火谷都尾矿库平面图（源自"尾矿库溃坝事故案例"报告）

原设计为土石混合坝，主坝断面原设计图如图 2-2 所示，因工程量大分两期施工。第一期工程为土坝，坝高 18m，坝底标高 1615m，坝顶标高 1633m，内坡为 1：2.5 ~ 1：2，外坡为 1：2，相应库容 475×10⁴m³，土方量 12×10⁴m³。第二期工程为土石混合坝，坝高 35m，坝顶标高 1650m，相应库容 1275×10⁴m³，土方量 32×10⁴m³，石方量 18×10⁴m³。第一期土坝工程施工质量良好，实际施工坝高降低了 5.5m，坝顶标高为 1627.5m，相应减少土方工程量 9×10⁴m³，相应库容量为 325×10⁴m³。生产运行中，坝体情况良好，未发现异常现象。

该库于 1958 年 8 月投入运行，至 1959 年年底，库内水位已达 1624.3m，与坝顶相差 3.2m，库容将近满库，此时尚未进行第二期工程施工。为了维持生产，于 1960 年全年，生产单位组织人员在坝内坡上分 5 层填筑了一座临时小坝，共加高了 6.7m、坝顶标高为 1634.2m。筑坝与生产放矿同时进行（边生产边放矿），大部分填土没有很好夯实，筑坝质量很差。1960 年 12 月，临时小坝外坡发生漏水，在降低水位进行抢险时又发生了滑坡事故。经研究将二期工程的土石混合坝坝型改为土坝，坝顶标高 1639.5m，并将坝体边坡改陡至内坡 1：1.5，外

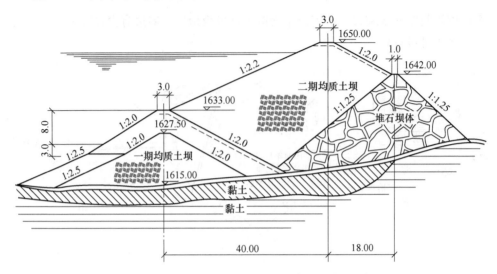

图 2-2 主坝原设计断面图（源自"尾矿库溃坝事故案例"报告）

坡 1 :（1.5~1.75），以维持生产。1961 年 3 月第二期工程坝体已施工至 1625m 标高，但筑坝速度（坝体增高）落后于库内水位上升速度。为了维持生产并减少筑坝工程量，在没有进行工程地质勘查情况下，即决定将第二期工程部分坝体压在临时小坝上，同时提出进一步查明工程地质情况和尾矿沉积情况后，再决定第二期工程坝体采取前进（全部压在临时小坝上）方案或后退（只压临时小坝 1/3）方案。1961 年 5 月，在未进行工程地质勘查的情况下，决定将第二期工程坝体全部压在临时小坝上，且坝体增高 4.5m，即坝顶标高为 1644m，土坝内坡为 1 : 1.5，外坡分别为 1 : 1.5、1 : 1.6、1 : 1.75，修改后坝体断面构造如图 2-3 所示。

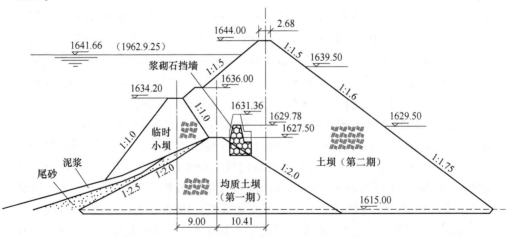

图 2-3 修改后（溃坝前）坝体断面图（源自"尾矿库溃坝事故案例"报告）

第二期工程从 1961 年 2 月开工到 1962 年 2 月完工。按原设计要求施工时每层铺土厚度 15～20cm、土料控制含水率 20% 时，相应干密度不小于 1.85t/m³。但施工中压实后坝体干密度降低至 1.7t/m³，没有规定土料上坝的含水率，并且施工与生产运行齐头并进，甚至有 4～5 个月时间，由于库内水位上升很快，不得不先堆筑土坝来维持生产，因此施工中坝体的结合面较多（较大的结合面有 6 处）。坝体的结合部位没有采取必要的处理措施，施工中经试验后规定每层铺土厚度为 50cm，实际铺土厚度大部分为 40～60cm，个别铺土厚度达 80cm，施工中质检大部分坝体湿密度达 1.7t/m³ 以上。在施工期间已发现临时小坝后坡有漏水现象，有一段 100m×1m×1m 的坝体（为后来的决口部位）含水较多，没有压实。在临时小坝内还存在抢险时遗留的钢轨、木杆、草席等杂物，以及临时小坝外坡长约 43m、高 5～9m 的毛石挡土墙。第二期工程完工后不久，于 1962 年 3 月曾发现坝顶有长 84m、宽 2～3cm 的纵向裂缝一条，经过一个多月的观测，裂缝仍在发展，于 5 月将裂缝进行了开挖回填处理。由于施工期生产与施工作业同时进行，未进行坝前排放尾矿、坝前水位较高，加之事故前 3 天下了中雨，导致库内水位已达 1641.66m；1962 年 9 月 20 日曾发现坝南端及后来溃坝决口处的坝顶上各有宽 2～3mm 的裂缝两条，长度约 12m；另外，在内坡距坝顶 0.8m 处（事故决口部位上）亦发现同样裂缝一条。1962 年 9 月 26 日，在坝体中部（坝长441m）发生溃坝，决口顶宽 113m，底宽 45m（位于 1933m 一期坝高）深约14m，流失尾矿 330×10⁴m³，澄清水 38×10⁴m³，共流失尾矿及澄清水达 368×10⁴m³。事故原因如下：

（1）坝坡太陡，坝体断面单薄。由于第二期坝的设计经过几次修改，最后施工的边坡，上游 1∶1.5，下游 1∶1.6，这对于用粉性土壤堆筑的高 29m 的坝来说显然过陡。坝顶宽度仅有 2.68m，上面还安装了两条铸铁输送管，也加重了坝顶的荷载。

（2）在一期坝坝坡上堆筑的临时小坝，当时是作为维持生产的临时措施，施工质量差，且小坝基础坐落在尾矿砂和矿泥上，本身就不稳定，后在未经详细勘探和技术鉴定的情况下，将第二期坝压在上面，增加了土坝向下滑的危险。

（3）尾矿坝修筑时，为了维持生产，不得不多次分期加高，使土坝的结合面增多，较大的结合面有 6 处，小的接缝为数更多。接缝未按照土坝施工规范的要求进行处理，结合情况不好，影响坝的整体稳定性。

（4）在修改原来二期坝的设计后，未对使用的土料进行物理力学性能试验，缺乏筑坝土料必需的数据。施工时铺土过厚，土料不均匀，并夹有风化石块。

（5）临时小坝下游坡的土壤，施工时没有很好夯实，其中有一段含水饱和时无法碾压，抢险时期投入的树木、支架、草皮和施工生产留下的石墩钢轨等也未清除。在第一期坝的下游坡还有一座长 43m 的石砌挡墙，也被埋入坝体内，这就增加了坝体不均匀沉降和形成裂缝的隐患。另外，土坝碾压仅有平碾压路机，各层结合情况不好，有些部位上还夹有尾砂矿层，使坝的整体性受到破坏。

（6）构筑二期坝时边施工、边生产，蓄水放矿同时进行，使坝身土壤不能很好固结。加之坝下游没有设置过滤水体，使土坝的浸润线抬高，渗透压力加大。

在尾矿设施的运行管理上，缺少严格的防护、维修、观测、记录制度，运行过程中对尾砂的堆积情况研究不够。

案例 5：1969 年 9 月 8 日，湖北阳新丰山铜矿上巢湖尾矿库初期坝高仅 8m，因施工未按软土地基设计要求，上、下游反压平台来同步施工，每月的上升速度在 2.0m 以上，使地基孔隙水压力得不到及时消散，产生大范围滑动，裂隙长达 500m，宽 2.0m，因未建成投产，未造成人员伤亡。

案例 6：1980 年 12 月和 1981 年 9 月 6 日，陕西华县木子沟尾矿库发生多次排洪涵洞断裂事故，事故造成了对木子沟及文峪河的严重污染，经济损失达 450 万元。木子沟尾矿库位于陕西省华县金堆城镇，选在汶峪河的木子沟内，距选厂约 2km，木子沟为文峪河支流，文峪河直接入南洛河。该尾矿库汇水面积为 5km²，初期坝为透水坝，筑坝材料为采矿废石，坝高 61m，坝长 160m，坝顶宽度 40m，内坡比 1∶1.66，外坡比 1∶1.68。由于坝体不均匀沉陷，曾进行了加固处理，处理后坝顶宽度 30m，外坡比调整为 1∶（3～3.5）。尾矿后期坝采用上游法筑坝，最终堆积标高 240.5m，尾矿堆积坝高 61.5m，总坝高 122.5m，总库容 2200 万立方米。尾矿库平面如图 2-4 所示。

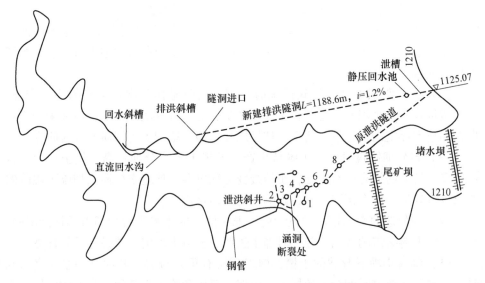

图 2-4 木子沟尾矿库平面图（源自"尾矿库溃坝事故案例"报告）

尾矿库排洪系统由排水斜槽（双格 0.8m×0.8m，长度 50m）、涵洞（断面为 2m^2 的蛋形钢筋混凝土结构，长 317.07m）及隧洞（断面为 4m^2，长 604.2m）所组成。1970 年开挖排洪管基础，发现 4～5 号井间为淤泥。土性为第四纪淤泥质亚黏土，呈灰色，处于饱和状态，湿容重为 2.075t/m^3，干容重为 1.685t/m^3，含水量为 23.65%，淤泥深达 44m。设计时对淤泥段进行了沉降计算，采取的工程措施是加密沉降缝，缝间距 5m，在纵向使刚性排洪管变为柔性排洪管，采用塑料止水带止水，以适应不均匀沉降。运行实践证明，加密沉降缝的处理措施是有效的。由于未做工程地质，先施工完，之后补做工程地质，从报告中知道，3～4 号井间可能产生滑坡段，该处距地表不深即见基岩，岩层倾角 40°。施工时管线基础未砌在基岩上。设计提出该段管线有滑坡的可能，采用反压法阻滑，经稳定计算，反压工程量为 2 万立方米。由于种种原因，反压未施工就投入了运行，留下了隐患。

该库于 1970 年投入运行，运行的前 10 年情况基本正常。但在 1980 年年底以后，先后多次发现尾矿库内沉积滩面发生塌陷，经检查发现在 3 号井与 4 号井之间涵洞产生横向断裂，裂缝呈左宽右窄、上宽下窄形状，为环向贯通裂缝，裂缝宽度最小 20mm，最大 180mm，裂缝深度达 250mm 以上。分布钢筋全部断开，在裂缝两边各 3m 范围尚有 10 余处小裂缝，裂缝宽度 2～8mm 不等。在距大裂缝 6m 处原施工沉降缝有较大开裂（原设计缝宽 30mm，现在缝宽度已达 120mm），并在底部形成上高下低的台阶状。经洞内衬砌封堵处理后，仍不能正常运行，在洞顶水头 25.67m 条件下，发生呈间歇式阵发型大量泄漏尾矿，裂缝处呈喷射状泄漏，射距达 4m。再次处理后，并采取了封闭灌浆，在断裂处经聚氨酯灌浆进行固砂封闭后，基本上未再发生新的泄漏事故。产生排洪涵洞断裂原因是基础的不均匀沉降和侧向位移。该处工程地质资料表明断裂地段是淤泥质亚黏土与基岩的过渡地段，且涵洞基础又置淤泥质亚黏土地基之上。

A　第一次事故

木子沟尾矿库是在没有进行工程地质勘查的条件下设计的。当时曾提出排洪管改线方案，但未实现。为了保证安全，指挥部将木子沟尾矿库使用标准降低 10m，1 号排水井不建，最终使用标高改为 1210m。木子沟尾矿库于 1970 年年底简易试生产时，开始投入使用，一直未发现异常现象。1980 年 12 月，金堆城铝业公司选矿厂停产检修时，发现排洪管有二处漏尾矿砂。一处在 3～4 号排水井之间的管段，距 3 号井 21m；另一处是 5 号井。尾矿砂面出现漏斗，漏斗直径 8.6m，排洪四周产生断裂，裂缝开展宽度 20～150mm 不等，在裂缝宽 150mm 处，φ12 的纵向螺纹钢筋被拉断。经分析研究，认为 3～4 号井之间排洪管断裂是由于排洪管基础产生不均匀沉降和侧向位移引起的，该处地势低洼。岩层倾向与地形一致且倾角大，达 40°，而管线基础未砌筑到基岩，留下隐患。另外施工时，3~4 号井之间，管长 38.6m 处，只设置了一道沉降缝，未按设计要求留缝，使管线不能适应地基的变形而断裂。5 号井漏砂是封井时侧面挡板不严所致，缝隙不大，只需用棉花堵塞紧密就可以了。

由于断裂是地基变形引起的，消除地基隐患是困难的，随着尾矿的堆高，排洪管地基有继续变化的可能性，因此不宜采用刚性的钢筋混凝土内衬，决定采用钢内衬，将裂缝处做成永久沉降缝。钢内衬于 1981 年 1 月 5 日完工，尾矿库继续运行。

B　第二次事故

尾矿库运行 8 个月后，于 1981 年 9 月 6 日发现 3~4 号井之间，原断裂处又产生大量流砂，情况比第一次严重，从裂缝中流入的尾矿砂在遇到钢内衬的阻挡后，尾矿顺管内壁与钢内衬之间的缝隙向上游喷射。9 月 14 日检查情况为：尾矿呈流砂状态，在距底部 0.5m 处，以高浓度、脉动流状态流入排洪管内，大约 5min 后，发出声响，其声震耳，钢内衬震动，尾矿向上游喷射，射流远达 4m 以上，喷射时间 2~5min，人无法接近。喷射后又呈脉状流，脉状流与阵流反复发生。尾矿砂面的漏斗直径在 30m 以上。

1981 年 9 月 16 日，后断裂处停止漏砂，经检查，上次处理的钢内衬并未破坏和变形，这说明原设计的排洪管和钢内衬在结构强度上是安全的，但裂缝的损坏现象有所扩展，由于有钢内衬阻挡，难以直接见到管壁的破碎带，经手摸与钢尺触探，发现距管底 0.5m 处，管壁已贯通，形成孔洞，洞的直径约 20cm。第二次事故发生的原因主要有下列几条：

(1) 1981 年 8~9 月陕西南部连续下雨，水位有所提高。

(2) 该段工程地质不良的隐患并未消除，管道基础又产生微量移动。

(3) 在水流的不断冲刷下，裂缝处混凝土碎块脱落，形成孔洞。

(4) 第一次施工质量较差，如：缝隙过宽，达 8~16cm，油麻填塞不紧，被水冲走。70 号角钢没有进行满焊，只进行点焊，强度不够而脱落。

(5) 橡皮止水带用螺栓固定在钢内衬上，强度不够，不能承受外水压力，使止水带脱落，油麻被冲走。

裂缝检查后，从结构的破坏上看不大，破裂面没有大的错动，这证明地基没有大的位移和滑动。钢套管强度完好，没有局部变形，强度是够的，因此，第一次的处理方案基本上是正确的，只是局部构造不适宜，止水脱落。针对第二次事故发生的原因，放进局部构造，采取下列措施：

(1) 按柔性套管的原理改造沉降缝，取消橡皮止水，用新加钢板形成内套管，控制缝隙宽度，用沥青油麻塞紧，起止水和适应微小变小的功用。

(2) 钢内衬与管壁之间，用沥青油麻重新塞紧，防止漏砂。

(3) 钢内衬两端，根据实际缝宽，用角钢或钢板，封堵严密，要求满焊，确保强度，只要封堵严密，就能防止漏砂。

（4）投产后，定期进行检查，保证结构完整。

案例7：1985年7月23日，湖南东坡铝锌矿尾矿库因洪水漫顶溃坝，死亡47人。

案例8：1985年8月25日，湖南郴州柿竹园矿牛角垅尾矿库因山林砍伐植被破坏，泥石流淤堵拦洪坝溢洪道进口，特大洪水入库，雨中数百人避险时间近2h，部分人员回家，突然停电洪水漫顶溃坝，死亡49人，冲毁房屋39栋，输电、通信线路被毁近8km，公路损坏7.3km，直接经济损失达1300多万元。牛角垅尾矿库位于湖南省郴州地区，为一山谷型尾矿库。初期坝坝高16m、坝顶宽度3m、坝长92m。后期坝采用上游法水力冲填坝，尾矿堆积坝坝高41.5m、库容150×10⁴m³。库内设有断面为1.2m×1.9m的排水沟及涵洞，长度约570m，库尾还设有断面为4m×2.9m、长度222.7m的截洪沟，将库区洪水排入东河。牛角垅尾矿库平面图如图2-5所示。

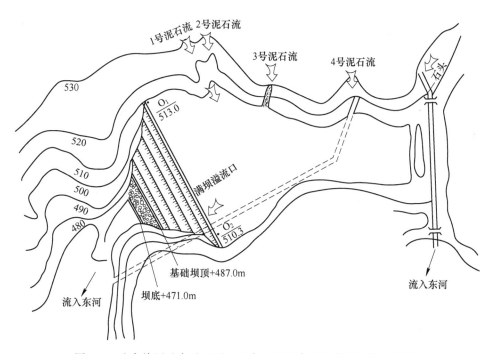

图2-5 牛角垅尾矿库平面图（源自"尾矿库溃坝事故案例"报告）

溃坝前该库已堆尾矿约110×10⁴m³，溃坝前连降暴雨，雨量达到429.8mm，属于数百年不遇之特大洪水（郴州地区最大降水量为180mm），1985年8月25日由于洪水超标，加之暴雨时大量泥石流下泄，上游洪水越过截水沟进入尾矿库，超标洪水致尾矿库水位上涨，造成洪水漫顶冲垮坝体近60m长的缺口，导致高达23m

的尾矿堆积坝全部冲溃，尾矿流失量达 100×10^4t 左右。溃坝事故原因如下。

（1）排洪设施无法满足要求。该坝尽管达到了设计要求，坝基/排洪涵洞都无异常，无阻塞物，但设计时收集的气象资料日最大降水量为180mm，因此没有考虑这么大的排水量，设计时考虑的最大日降雨量为195mm，而实际达429.8mm，因此排洪设施无法满足要求，设计部门只按最大日降雨量和最大小时降雨量进行设计，造成了排洪溢洪不够的现象。

（2）从断面来分析排洪能力，截洪沟仅 $10.8m^2$，排洪涵洞仅 $2.28m^2$，合计仅 $13.08m^2$ 的排水断面，而8月25日进入尾矿库的流入断面除排水断面外还有1号、2号、3号、4号及排洪道处的大股流入库内，超过 $17.05m^2$ 的断面水流，因此该库无法排洪，造成垮坝。

（3）垮坝决口的分析，从坝基上的测量标志来看东端标高为513m，西端标高为510.3m，因此漫坝后，洪水即从西端开始外溢，冲垮子坝继而冲垮整个基础坝。

案例9：1986年4月30日，安徽马鞍山市黄梅山铁矿金山尾矿库溃坝，事故造成19人死亡、95人受伤，生命财产损失惨重。该库位于安徽省马鞍山市，隶属黄梅山铁矿，该库原设计初期坝坝址位于金山坳公路，库区纵深338m，尾矿坝总高30m，库容 $240\times10^4m^3$，库区汇水面积 $0.25km^2$。施工中为减少占地，将初期坝址向库内推移188m，库区纵深仅为150m，汇水面积 $0.2km^2$，当尾矿堆积坝顶标高50m时，相应库容 $103\times10^4m^3$。初期坝坝高6m，为均质土坝，于1980年建成投入运行，采用上法筑坝，至发生事故时，总坝高21.7m（至子坝顶），库内贮存尾矿及水 $84\times10^4m^3$。由于库深仅为150m，为确保澄清水质、尾矿库内经常处于高水位运行状态，一般干滩长度仅保持在20m左右，达不到规范要求。

事故经过：1986年4月30日凌晨发生溃坝事故，溃坝前子坝顶部标高45.7m（此前设计单位经核算已明确提出尾矿坝顶标高不得超过45m）、子坝前滩面标高44.88m（子坝高0.82m、坝顶宽1.2m，为松散尾矿所堆筑）、库内水位已达44.96m（处于子坝拦水状态，并且根据此前观测记录，坝内浸润线已接近坝坡，坝体完全饱和）。由于松散尾矿堆筑的子坝的渗流破坏导致溃坝、坝顶溃决宽度245.5m、底部溃决宽度111m，致使库内 $84\times10^4m^3$ 的尾矿及水大部分倾泻。下游2km范围内的农田及水塘均被淹没，坝下回水泵站不见踪影（仅有设备基础尚存）。

造成此次溃坝的主要原因是子坝挡水，是典型的渗流破坏导致溃坝的实例。事故具体原因如下。

（1）库内水位过高，直接淹到子坝内坡，离子坝坝顶只差0.7m。子坝顶宽只有1.2m，系用松散尾砂堆成，不可能承受水的渗透压力，发生渗透坍塌，很快导致漫过沉积滩顶溃坝。

（2）尾矿库长期处于高水位运行状态，会导致坝体浸润线过高，稳定性差，一旦局部产生渗流破坏，会立即引发整体溃坝。

（3）生产与安全的关系处理不当，未能按设计确认的 45m 坝顶标高及时停用闭库。

案例 10：1988 年 4 月 13～14 日，陕西华县金堆城钼业公司栗西沟尾矿库发生溃坝事故，本次事故造成 736 亩耕地被淹没，危及树木 235 万株、水井 118 眼，冲毁桥梁 132 座（中小型）、涵洞 14 个，公路 8.9km 被毁，受损河堤长度 18km，死亡牲畜及家禽 6885 头（只），致沿河 8800 人饮水困难，经济损失超 3000 万元。

栗西沟尾矿库位于陕西省华县，隶属于金堆城钼业公司。栗西沟属于黄河水系的南洛河的四级支流，栗西沟水流入麻坪河经石门河进入南洛河中。栗西沟尾矿库汇水面积 10km²，尾矿库洪水经排洪隧洞排入邻沟中再注入麻坪河。尾矿库初期坝为透水堆石坝，坝高 40.5m，上游式筑坝，尾矿堆积坝高 124m，总坝高 164.5m，总库容 1.65 亿立方米。尾矿库排洪系统设于库区左岸，原设计由排洪斜槽、两座排洪井、排洪涵管及排洪隧洞组成。后因排洪涵管基础存在不均匀沉陷等问题，将原设计排洪系统改为使用 3～5 年后，另外建新的排洪系统。新排洪系统是在距排洪隧洞进口的 49.5m 处新建一座内径 3.0m 的排洪竖井，井深 46.774m，上部建一框架式排洪塔，塔高 48m，新建系统简称为新一号井。排洪隧洞断面为宽 3.0m、高 3.72m 的城门洞型，底坡 1.25%，全长 848m，其中进口高 30m 为马蹄型明洞，隧洞中有 614m 长洞段拱顶未进行衬砌，其尾矿库平面图如图 2-6 所示。

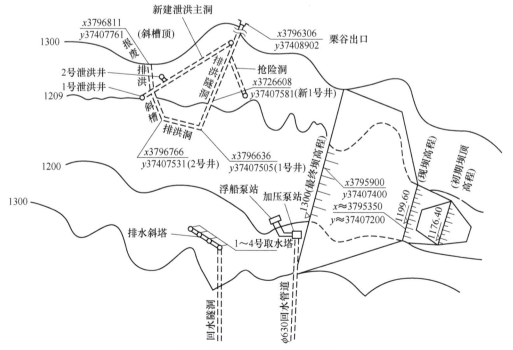

图 2-6　栗西沟尾矿库平面图

该库于 1983 年 10 月投入运行，排洪隧洞于 1984 年 7 月起开始排洪。随着生产运行，库内尾矿堆积逐年增高，隧洞内漏水量亦相应增大，至 1988 年 4 月 6 日漏水量已达 332.3m³/h（库内水位 1189m）。当库水位上升到 1189.64m，高出隧洞进口 25.373m 时，堆积坝顶标高为 1196.4m，相应坝高 60.9m，库容 1150 万立方米，排洪隧洞突然塌陷。

事故经过：1988 年 4 月 13 日 23 时左右，在原 1 号井和新 1 号井之间距新 1 号井中心距离约 43~45m 处，隧洞轴线偏南约 1.5m 左右，出现了第一个漏水漩涡，接着库水位不断下降，14 日 2 时 10 分左右上述漩涡北侧地面出现塌陷，其位置距新 1 号井 35m 左右。3 时 30 分左右库内存蓄约 136 万立方米的水基本泄完，大量泄水时间约 4h，瞬时最大流量约 80m³/s。8 时左右塌陷区进一步扩大，形成约 1.8 万立方米体积的塌坑，至 21 时，在新 1 号井前又出现 1.5 万立方米体积塌坑，两塌坑间尚有 10m 长的一段地面未塌落，其尾矿库排洪隧洞塌陷段纵断面如图 2-7 所示。

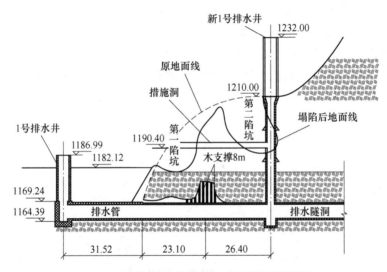

图 2-7 栗西沟尾矿库排洪隧洞塌陷段纵断面图

本次隧洞塌落事故共流失尾矿及水体 136 万立方米，造成栗西沟尾矿库下游的栗西沟、麻坪河、石门沟、洛河、伊洛河及黄河沿线长达 440km（跨两省一市）范围内河道受到严重污染，同时水流对公路、河堤、桥梁、树木和电杆、农灌、水渠、鱼塘及麦田造成不同程度的破坏，沿岸工厂和水电站也受到不同程度的影响。这次事故破坏了栗西沟尾矿库的排洪系统，给安全度汛造成威胁，使占金堆城钼业公司产量 2/3 的选矿厂停产达 4 个月之久，造成的直接经济损失达 3200 万元。

栗西尾矿库排洪隧洞塌陷的原因主要是地质条件差，水对围岩稳定的影响很明显，由于事前未作地质勘查，隧洞贯通后又未对隧洞的地质条件做出正确的分析，导致隧洞结构设计主要计算参数和依据偏离实际较大，且均偏于危险值；又加上施工的结果不能保证衬砌和围岩共同工作这一主要设计条件的实现，所以结构强度不足。随着工程运用条件的变化围岩失稳，衬砌强度不能承受失稳围岩的荷载而破坏。同时，在排洪隧洞施工中未及时处理塌落的临空区（高达 19m 多），造成隐患。当库内堆存尾矿达到一定厚度时，临空区上部承载力失衡造成突然塌落，从而导致隧洞被破坏，造成我国尾矿库运行史上的重大污染事故。

案例 11：1988 年 6 月 24 日，江西东乡铜矿尾矿库 3 号排水井基础弧形井套断裂，造成尾矿浆泄漏达 54649m³，尾矿水 6 万立方米，淹没农田 671 亩，鱼塘 22.1 亩，矿山被迫停产。

案例 12：1989 年 2 月 25 日，河南郑州铝厂灰渣库尾矿库溃坝事故。该尾矿坝位于郑州铝厂西南 2.5km，上下游均为铝厂赤泥库，用于堆存电厂排出的灰渣。随着库水位逐年升高，在该库西侧垭口处以赤泥采用池填法堆筑副坝，其坝基坐落于湿陷性黄土地基上。由于库内排水钢管结垢排水能力降低，水位上升很快，加之事故前连续降雨，1989 年 2 月 25 日，致使副坝处黄土地基失稳塌陷发生溃决，近 30 万立方米塌陷黄土、灰渣及水直冲而下，冲毁下游专线铁路和道路，死亡 2 人。

案例 13：20 世纪 90 年代初，河南文峪金矿尾矿库的上游有 5 个民采坑口，在大暴雨洪水的冲击下，废石在尾矿库上游的拦水坝和隧洞口前淤塞，造成隧洞的泄流能力迅速降低，洪水翻过拦水坝进入库区，形成堆积坝坝头 1m 多高水头而溃坝。

案例 14：1992 年 5 月 24 日，河南栾川县赤土店乡钼矿尾矿库发生大规模坍塌，12 人死亡。

案例 15：1993 年 5 月，江西赣南某钨矿尾矿坝发生溃坝事故，冲毁了下游许多民房，淹没了数百亩良田，使下游的河床平均抬高了 2.5m，损失惨重，教训深刻。该尾矿库因矿山资源枯竭等原因而停产关闭，矿井停产关闭后，尾矿库也就自然停止使用，但没有对尾矿库实施闭库处理，而是顺其自然，无人管理。1993 年 5 月，因尾矿库内排水井被树枝石块等杂物堵塞，排水不畅，导致尾矿库内的水位上涨，造成尾矿库的主坝一半溃决，洪水夹带着尾砂呼啸而下，形成泥石流。

案例 16：1994 年 5 月 7 日，云南永福锡矿尾矿库发生事故，造成 13 人死亡。事故原因：主要是因严重违反安全生产规程，在尾矿库坝下挖取尾矿，引发大面积坍塌。事故发生时，云南永福锡矿尾矿库业已闭库。

案例 17：1993 年 6 月 13 日上午约 8 时 55 分，福建省潘洛铁矿尾矿库左侧距坝址约 300m 处边坡，突然发生滑坡。滑坡体上沿标高为 480m，下沿标高为

329m，宽约130m，厚约30m，体积56~60万立方米，其中，约4万立方米老土滑入尾矿库，导致库内淤泥积水溢出库外，形成泥石流，酿成特大灾害。造成8人死亡，6人失踪，9人受伤（其中重伤4人）。失踪6人为滑坡体下部直接掩埋所致，其他遇难人员均为坝外泥石流造成。发生事故的原因：主要是地方及个体企业在尾矿库上游左岸山坡乱采滥挖，造成山体失衡，导致大滑坡挤压尾矿库。

案例18：1994年7月13日，湖北大冶有色金属公司龙角山尾矿库因发生超标洪水，造成洪水漫顶导致溃坝，事故造成26人死亡、2人失踪和重大经济损失。

案例19：1996年8月3日，河南祈雨沟金矿尾矿库发生溃坝事故，导致35人死亡。事故原因是坝头池填法放矿，无干滩，暴雨时浸润线高，导致尾矿坝失稳溃坝，淹没下游工业区、办公区、职工居民区，导致35人死亡。

案例20：2000年10月18日上午9时50分，广西南丹大厂镇鸿图选矿厂尾矿库溃坝，事故造成28人死亡，56人受伤，70间房屋不同程度毁坏，直接经济损失340万元。

根据"广西南丹县鸿图选矿厂尾矿库'10·18'垮坝事故分析"报告指出：鸿图选矿厂是投资500万元建设的一家私营企业，位于南丹县大厂矿区华锡集团铜坑矿区边缘，于1998年8月开工建设，1999年6月建成投产。设计选矿日处理能力为120t，但实际日处理量为200t。选矿厂尾矿库没有进行设计，是依照大厂矿区其他尾矿库模式建成的，没有经过有关部门和专家评审。尾矿库修筑方式是利用一条山谷构筑成山谷型上游式尾矿库。事故后验算的库容为27400m³，实际服务年限仅为1.5年。尾矿库基础坝是用石头砌筑的一道不透水坝，坝顶宽4m，地上部分高2.2m，埋入地下约4m，其尾矿库溃前图如图2-8所示。在工程施工结束后，只是南丹县环保局到现场检查一下就同意投入使用。后期坝采用人工集中放矿筑子坝的冲积法筑坝，并按照县环保局提出的筑坝要求筑坝。后期坝总高9m，坝面水平长度25.5m，事故前坝高和库容已接近最终闭库数值。尾矿库坝首下方是一条东南走向的上高下低的谷地。建坝时，坝首下方有几户农民和铜坑矿基建队的10多间职工宿舍。到了1999年下半年，便陆续有外地民工在坝首下方搭建工棚。选矿厂认为不安全，曾请求政府清除。南丹县和大厂镇政府则多次组织清理。但每次清理后，民工又陆续恢复这些违章建筑。事故发生时坝下仍有50多间外来民工工棚。

事故经过：2000年10月18日上午9时50分，尾矿库后期坝中部底层首先垮塌，随后整个后期堆积坝全面垮塌，共冲出水和尾砂14300m³，其中水2700m³，尾砂11600m³，库内留存尾砂13100m³。尾砂和库内积水直冲坝首正前方的山坡反弹回来后，再沿坝侧20m宽的山谷向下游冲去，一直冲到离坝首约700m处，其中绝大部分尾矿砂则留在坝首下方的30m范围内。事故将尾矿坝下

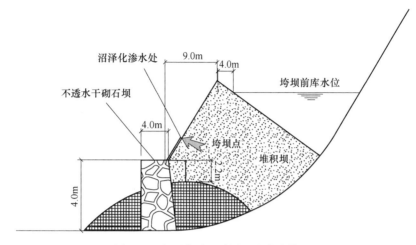

图 2-8 广西南丹县鸿图尾矿库溃前图

的 34 间外来民工工棚和 36 间铜坑矿基建队的房屋冲垮和毁坏，共有 28 人死亡，56 人受伤，其中铜坑矿基建队职工家属死亡 5 人，外来人员死亡 23 人。

根据"广西南丹县鸿图选矿厂尾矿库'10·18'垮坝事故分析"报告可知，这是一起由于企业违规建设、违章操作，有关职能部门管理和监督不到位而发生的重大责任事故。事故的直接原因是基础坝不透水，在基础坝与后期堆积坝之间形成一个抗剪能力极低的滑动面。又由于尾矿库长期人为蓄水过多，干滩长度不够，致使坝内尾砂含水饱和、坝面沼泽化，坝体始终处于浸泡状态而得不到固结并最终因承受不住巨大压力而沿基础坝与后期堆积坝之间的滑动面垮塌。事故的间接原因如下。

（1）严重违反基本建设程序，审批把关不严。尾矿库的选址没有进行安全认证；尾矿库也没有进行正规设计，而由环保部门进行筑坝指导；基础坝建成后未经安全验收即投入使用。

（2）企业急功近利，降低安全投入，超量排放尾砂，人为使库内蓄水增多。由于尾矿库库容太小，服务年限短，与选矿处理量严重不配套，造成坝体升高过快，尾砂固结时间缩短。同时由于库容太小，尾矿水澄清距离短，为了达到环保排放要求，库内冒险高位贮水，仅留干滩长度 4m。

（3）由于该厂是综合选矿厂，尾矿砂的平均粒径只有 0.07~0.4mm。尾砂粒径过小，导致透水性差，不易固结。

（4）业主、从业人员和政府部门监管人员没有经过专业培训，素质低，法律意识、安全意识差，仅凭经验办事。

（5）安全生产责任制不落实，安全生产职责不清，监管不力，没有认真把好审批关，没能及时发现隐患。

（6）政府行为混乱，对安全生产领导不力，没能及时发生安全生产职责不清问题，对选厂没有实行严格的安全生产审查，对选厂缺乏规划，盲目建设。

案例 21：2005 年 5 月 10 日，广西恭城铅锌矿尾矿库发生溃坝事故，库区内大量滞存的含硫酸铜等杂质的石灰垢决堤而出，流入附近江河，造成恭城、平乐以及往梧州方向的江河严重污染。事故过程：2005 年 5 月 9 日晚上至 10 日凌晨当地一直下着大暴雨，尽管他们有人 24 小时值班，但由于雨声太大，根本没人听见库堤崩塌的声音，直到凌晨 6 时多，值班人员才发现，但为时已晚，缺口已达 10 多米宽，无法立即补堤，只能停产，等到不再大面积崩塌时才能采取补救措施。

案例 22：2005 年 11 月 8 日，山西临汾市浮山县峰光与城南选矿厂合用的尾矿库大坝发生决口，顷刻间数百吨的泥沙从 300m 高的山头顺着山谷冲了下来，事故造成 4 人遇难。

案例 23：2006 年 4 月 23 日 10 时 0 分，河北唐山市迁安市蔡园镇蔡园村庙岭沟铁矿一闭库尾矿库（因无证矿山非法扩帮采矿已发生过一次副坝溃决事故）发生溃坝事故，6 人被泥石流掩埋，其中 2 人死亡，4 人下落不明。事故过程：2006 年 4 月 23 日 7 时许，由于尾矿库坝体出现向外渗水，矿上的负责人担心发生溃坝，派人用铲车和运输车、打眼机到尾矿坝坝体中部修补堤坝，在修补过程中发生溃坝，导致多人被泥石流埋住。

案例 24：2006 年 4 月 30 日 18 时 24 分，陕西省商洛市镇安县黄金矿业有限责任公司尾矿库在加高坝体扩容施工时发生溃坝事故，外泄尾矿砂量约 20 万立方米，冲毁居民房屋 76 间，22 人被淹埋，5 人获救，17 人失踪。镇安金矿位于陕西省商洛市镇安县，目前选矿厂日处理量 450t。尾矿库为山谷型，原设计初期坝高 20m，后期坝采用上游法尾矿筑坝，尾矿较细，粒径小于 0.074mm 的占 90% 以上。堆积坡比 1∶5，并设排渗设施。堆积高度 16m，总坝高 36m，总库容 28×10⁴m³。1993 年投入运行，在生产中改为土石料堆筑后期坝至标高 735m 时，已接近设计最终堆积标高 736m，下游坡比为 1∶1.5。此后，未经论证、设计，擅自进行加高扩容，采用土石料按 1∶1.5 坡比向上游推进实施了 3 次加高增容工程，总坝高 50m，总库容约 105×10⁴m³。2006 年 4 月又开始进行第 4 次（六期坝）加高扩容，采用土石料向库内推进 10m 加筑 4m 高子坝一道，至 4 月 30 日 18 时 24 分子坝施工至最大坝高处突发坝体失稳溃决，流失尾矿浆约 15×10⁴m³，造成 17 人失踪，5 人受伤，摧毁民房 76 间，同时流失的尾矿浆还含有超标氰化物污染了环境，后经采取应急措施溃决得到控制。镇安金矿尾矿库结构如图 2-9 所示，镇安金矿尾矿库 4 次加高扩容情况如下所示。

（1）1992 年 12 月，镇安黄金矿业公司尾矿库由兰州有色冶金设计研究院提供初步设计，初期坝坝顶标高 720m，坝高 20m，坝顶长 56m；5 年后坝顶标高

734m（企业称为后期坝或二期坝），坝高34m，坝顶长68m，总库容为27.11万立方米。当时工程发包给当地村民进行施工。

（2）1997年7月、2000年5月、2002年7月，在初步设计坝顶标高734m基础上，镇安黄金矿业公司又分别三次组织对尾矿库坝体加高扩容（企业称为三期坝、四期坝和五期坝），工程发包给当地村民进行施工。三次坝体加高扩容使尾矿库实际库容达到105万立方米，坝高达到50m，坝顶长164m，坝顶标高750m。

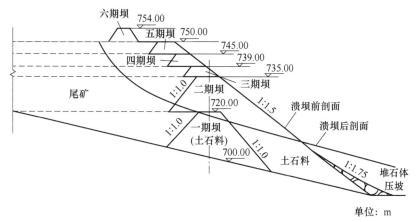

图2-9　镇安金矿尾矿库示意图（源自"尾矿库溃坝事故案例"报告）

（3）2006年4月，镇安黄金矿业公司又第四次组织对尾矿库坝体加高扩容（企业称为六期坝），子坝高4m，施工由尾矿库坝体左岸向右岸至约83m处时发生溃坝。

根据安全监管总局对陕西商洛尾矿库溃坝事故的通报可知，镇安县黄金矿业有限责任公司原名镇安金矿，为县办企业，2002年11月改制为有职工持股的股份制企业，现有员工300余人。该尾矿库1993年建成并投入运行，按日处理矿石75吨配套设计，初期坝高20m，后期两次加高达到34m，设计总库容27万立方米。后来经过3次擅自加高坝体扩容，尾矿库坝高50m，坝长164m，实际库容扩大为100余万立方米。2005年7月，陕西旭田安全技术服务有限公司对该尾矿库进行的安全评价，与事实不符，出具了"该尾矿库运行正常"的结论。从2006年4月1日开始，该公司按照未经审查批准的传真图纸擅自实施第六期加高扩容，截至事故发生时，仍在施工之中。

事故经过：2006年4月30日18时40分，陕西省镇安县米粮镇光明村3组的镇安县黄金有限责任公司对其尾矿库实施第六期加坝增容施工时，部分主体坝垮塌，组织1台推土机和一台自卸汽车及4名作业人员在尾矿库进行坝体加高施工作业。18时24分左右，在第四期坝体外坡，坝面出现蠕动变形，并向坝外移动，随后产生剪切破坏，沿剪切口有泥浆喷出，瞬间发生溃坝，形成泥石流，冲向坝下游的左山坡，然后转向右侧，约 12 万立方米尾矿渣下泄到距坝脚约 200 米处，其中绝大部分尾矿渣滞留在坝脚下方的 200m×70m 范围内，少部分尾矿渣及污水流入米粮河。正在施工的 1 台推土机和 1 台自卸汽车及 4 名作业人员随溃坝尾矿渣滑下。下泄的尾矿渣造成 15 人死亡，2 人失踪，5 人受伤，76 间房屋毁坏。

根据初步调查，该尾矿库存在的主要问题是：无正规扩容设计，未经批准违法实施加高坝体扩容工程；违规超量排放尾矿，库内尾砂升高过快，尾砂固结时间缩短、排水不畅，干滩长度严重不足；忽视危库周边安全管理，下游民房离尾矿库过近。详细的事故原因如下所示。

（1）多次违规加高扩容，尾矿库坝体超高并形成高陡边坡。1997 年 7 月、2000 年 5 月和 2002 年 7 月，镇安黄金矿业公司在没有勘探资料、没有进行安全条件论证、没有正规设计的情况下擅自实施了三期坝、四期坝和五期坝加高扩容工程；使得尾矿库实际坝顶标高达到 750m，实际坝高达 50m，均超过原设计 16m；下游坡比实为 1∶1.5，低于安全稳定的坡比，形成高陡边坡，造成尾矿库坝体处于临界危险状态。

（2）不按规程规定排放尾矿，尾矿库最小干滩长度和最小安全超高不符合安全规定。该矿山矿石属氧化矿，经选矿后，尾矿渣颗粒较细，在排放的尾矿渣粒度发生变化后，镇安黄金矿业公司没有采取相应的筑坝和放矿方式，并且超量排放尾矿渣，造成库内尾矿渣升高过快，尾矿渣固结时间缩短，坝体稳定性变差。

（3）擅自组织尾矿库坝体加高扩容工程。由于尾矿库坝体稳定性处于临界危险状态，2006 年 4 月，镇安黄金矿业公司又在未报经安监部门审查批准的情况下进行六期坝加高扩容施工，将 1 台推土机和 1 台自卸汽车开上坝顶作业，使总坝顶标高达到 754m，实际坝高达 54m，加大了坝体承受的动静载荷，加大了高陡边坡的坝体滑动力，加速了坝体失稳。

（4）当坝体下滑力大于极限抗滑强度，导致圆弧型滑坡破坏。与溃坝事故现场目测的滑坡现状吻合。同时由于垂直高度达 50～54m，势能较大，滑坡体本身呈饱和状态，加上库内水体的迅速下泄补给，滑坡体迅速转变为黏性泥石流，形成冲击力，导致尾矿库溃坝。

事故的直接原因是镇安黄金矿业公司在尾矿库坝体达到最终设计坝高后，未进行安全论证和正规设计，而擅自进行 3 次加高扩容，形成了实际坝高 50m、下游坡比为 1∶1.5 的临界危险状态的坝体。更为严重的是在 2006 年 4 月，该公司未进行安全论证、环境影响评价和正规设计，又违规组织对尾矿库坝体加高扩容，致使坝体下滑力大于极限抗滑强度，导致坝体失稳，发生溃坝事故。事故的间接原因：（1）西安有色冶金设计研究院矿山分院工程师私自为镇安黄金矿业公司提供了不符合工程建设强制性标准和行业技术规范的增容加坝设计图，对该矿决定并组织实施增容加坝起到误导作用；（2）陕西旭田安全技术服务有限公司没有针对镇安黄金矿业公司尾矿库实际坝高已经超过设计坝高和企业擅自3次加高扩容而使该尾矿库已成危库的实际状况，做出不符合现状的安全评价结论。评价报告的内容与尾矿库的实际现状不符，做出该尾矿库属运行正常库的错误结论。对继续使用危库和实施第四次坝体加高起到误导作用。

案例25：2006年5月30日11时50分，陕西省旬阳县鑫源矿业有限公司火烧沟选矿厂尾矿库在施工取土过程中，施工现场上方山体滑塌约2万立方米，造成3名正在施工现场作业的司机失踪，4辆运输车辆和1台挖掘机被埋。

案例26：2006年7月14日21时30分左右，陕西省汉中市略阳县郭镇小畅沟金矿擅自进入尾矿库挖坝掏取尾渣时，造成尾矿库内尾渣突然失稳下泄，2000余立方米尾渣流入下游道路和河道内，事故未造成人员伤亡。

案例27：2006年8月，河南卢氏钼矿1号尾矿库排洪涵管突然垮塌，大量尾矿外泄。该尾矿库总坝高超过50m，排洪系统由浆砌块石斜槽、涵管和隧洞组成。因坝高超过40m，涵管内流速大于6～9m/s，超过浆砌块石结构的允许抗冲流速，结构破坏垮塌。

案例28：2006年8月，四川会东铅锌矿老虎岩尾矿库发生洪水漫顶溃坝事故。事故原因是因尾矿库库周公路弃方被山洪冲下河谷，形成泥石流，拦泥石流谷坊因数次拦截，库容减少，泥石流越过谷坊封堵2号排洪井口，洪水漫顶，因应急预案充分，无人伤亡。

案例29：2006年8月15日22时左右，位于山西太原市娄烦县的银岩选矿厂和新阳光选矿厂相继发生尾矿库溃坝事故，造成6人死亡、1人失踪、21人受伤的重大伤亡事故。

娄烦县银岩选矿厂位于娄烦县马家庄乡蔡家庄村随羊沟，建于2005年4月，为私营企业，尾矿库未设计，未领取安全生产许可证，已列入当地政府的关闭名单。尾矿库库容量约为24万立方米。事故发生前该企业一直在私自组织生产。娄烦县新阳光选矿厂建于2004年3月8日，为私营企业，该厂距上游的银岩选矿厂尾矿坝350m，距下游的蔡家庄村600余米，尾矿库库容量约为70万立方米。事故前，该企业按补充设计方案，对尾矿库存在的问题进行了整改，太原市安监局已对其设计进行了审查批复，省安监局政务大厅已受理了该企业的安全生产许可申请，没有颁发安全生产许可证。

事故经过：2006年8月15日21时30分左右，随羊沟内上游的娄烦县银岩选矿厂尾矿库溃坝，坝内储存的水、尾砂涌入下游的新阳光选矿厂尾矿库，正在库房内打电话的该库保管员张士锐此时听到屋外有水声，发现该厂尾矿库坝内水从排洪管和坝顶往外流，随即通知企业负责人，并通知上游的银岩选矿厂立即停止生产。大约22时，新阳光选矿厂尾矿库坝空隙水压力增大，造成该库坝体垮塌，大量的尾矿浆掺杂着虚土形成泥石流沿着河道直冲入下游，将 10 余亩土地及附近的一个临时加油站淹没，冲毁大量房屋、商铺，高压电线杆倾倒后产生的电火花引发储油罐着火，接到火警报告后，县公安局出动消防大队、交警大队的 80 多人赶到现场，发现大量泥石流沿着河床往下游流动，立即将此情况报告县委、县政府，同时组织干警抢险救援。县委、县政府有关领导接到报告后，立即赶赴现场，并组织 300 余人开展事故抢险搜救工作。经过搜救找到受伤人员 22 名，被找到的 22 名受伤人员被紧急送往医院救治。

以下是事故直接原因。

（1）银岩选矿厂尾矿库坝体为黄土堆筑不透水坝，库内长期单侧集中放浆，而且未设置任何排渗排水设施，致使库内水位长期过高，加之 8 月 13 ~ 15 日降雨水相对集中，引起坝体浸润线短期急剧升高，同时 15 日铲车上坝产生振动引起坝体局部液化，这也是银岩选矿厂尾矿库垮塌的主要原因。

（2）新阳光选矿厂尾矿库坝为利用旋流器产生的尾砂筑坝，库内设有 $\phi 500mm$ 的排洪管及排洪井，但库容小，容纳不了上游尾矿库坝的浆液，必然要产生漫顶，从现场的痕迹也证实了这一点。同时，坝体外围没有石砌加固，坝体及周边山体土质的稳固性差，不能有效阻挡尾浆的冲击力，造成垮坝，引发泥石流。

事故的间接原因：银岩选矿厂尾矿库严重违反尾矿库的基本建设程序，建设前没有进行正规设计，选址不当，违规建设、违规营运；新阳光选矿厂面对上游仅 300m 处的尾矿库对自己形成的威胁，没有向上级有关部门反映，没有及时消除隐患；两库均缺少尾矿库安全管理的专业技术人员，没有严格的安全管理措施；县政府及其有关职能部门长期以来对尾矿库运营的监管不到位。

案例 30：2006 年 12 月 27 日 12 时 20 分，贵州紫金矿业股份有限公司贞丰县水银洞金矿尾矿库子坝发生塌溃事故，约 20 万立方米尾矿下泄，造成 1 人轻伤，下游 2 座水库受到污染，其中，约 17 万立方米尾矿排入小厂水库（废弃水库），3 万立方米尾矿溢出小厂水库后进入白坟水库（农灌水库）。根据国家安全监管总局《关于贵州紫金矿业股份有限公司贞丰县水银洞金矿尾矿库"12.27"溃坝事故》的通报，贵州紫金矿业股份有限公司 2001 年 12 月依法成立，2006 年 10 月变更，公司注册资金 1 亿元人民币，股东包括：紫金矿业集团股份有限公司、贵州省地质矿产资源开发总公司、贞丰县工业投资有限责任公司等 10 家公司。现采用地下开采方式。尾矿库于 2001 年建设，2003 年 8 月建成投产，2005 年 8 月取得安全生产许可证。设计库容为 46.5 万立方米，现堆积库容量约为 23.5 万立方米。主坝设计高度为 37m，现高为 33.6m。筑坝方式为上游式，库型为山谷型，属 4 等库。

经初步调查，该尾矿库存在的主要问题是：违规超量排放尾矿，库内尾砂升高过快，尾砂固结时间缩短；干滩长度严重不足。事故的原因是：该尾矿库子坝加高至 1388.6m（标高）左右高程（第九级）时，干滩长度仅 14m，此时推土机、履带式挖掘机各一辆在子坝上进行平整作业，在机械扰动下，造成子坝下的尾矿液化，子坝失稳垮塌约 130m 长，尾矿浆流淌冲毁 2~9 级堆筑的子坝。

案例 31：2007 年 5 月 18 日，山西宝山矿业有限公司尾矿库发生溃坝事故，库内近 100 万立方米的尾矿持续下泄近 30 小时，造成下游太原钢铁公司峨口铁矿铁路专用线桥梁、变电站及部分工业设施被毁，繁（峙）五（台）线交通公路被迫中断，近 500 亩农田被淹，峨河、滹沱河河道堵塞。

宝山矿业有限公司位于山西省忻州市繁峙县岩头乡境内，是一家采、选联合工艺的股份制民营企业。该公司拥有两个选厂，一选厂于 2003 年 5 月建成，事故发生前一直正常生产；二选厂 2005 年下半年开始筹建，于 2007 年 4 月底投入运行。该公司曾有两座尾矿库，其中发生溃坝事故的尾矿库，位于二选厂附近的大地沟，属山谷型尾矿库，设计库容 540 万立方米，坝高 100m，属三等库。该尾矿库于 2004 年 3 月开始建设，2004 年 7 月投入试运营，2005 年 3 月取得安全生产许可证。事故发生时该尾矿库初期坝刚刚建成，开始筑子坝。发生事故前，该尾矿库初期坝为土石坝，坝高 30m，上下游坡比分别为 1:1.5、1:2.0。初期采用中线法筑坝，后因粗粒尾矿量不足，企业自行改为上游式筑坝，总坝高 75m，下游坡比 1:1.6，库内存尾约 150 万立方米。

事故经过：2007 年 5 月 18 日上午 10 点多，当班尾矿工发现正常生产运营的尾矿库中部距坝顶 20m 处，约有 3m² 左右异常泛潮及部分渗漏，当即向矿尾矿部负责人张某汇报。张某一方面向分管领导汇报，另一方面按照常规采取抢救措施，安排人员堵塞尾矿库内回水管口，打开坝底回水管的直排口。宝山公司领导接到报告后，下令选厂立即停产，并启动库内清水泵紧急排放库内清水。大约中午 11 点，渗漏处开始流泥沙。15 点坝体流沙范围扩大，开始塌陷。到 20 日 0 点44 分，共有近 100 万立方米尾沙泥浆溃泄而下，沿排洪沟、河道冲入峨河下游，绵延 10 余千米，致使尾矿库彻底损毁，选厂破碎车间彻底冲垮，办公楼、选矿车间全部被淹；运输队数十辆大型推土机、挖掘机、载重汽车被冲毁或冲走；沿途排洪渠、道路、场地等被淹没；太原钢铁公司峨口铁矿变电站被冲毁；太原钢铁公司峨口铁矿铁路专线桥墩冲坏；淹没了繁峙县及代县沿峨河的农田、林地560 余亩。5 月 18 日 15 点 30 分，繁峙县政府接到事故报告后，政府及有关部门负责人迅速赶赴现场，成立了现场应急抢险指挥部，正式启动了应急救援预案，并采取了以下措施。

（1）在尾矿库对面山头设立险情观察点，每隔 10min 向指挥部汇报 1 次险情，指挥部成员可以在第一时间了解尾矿坝险情变化情况。

（2）对繁五（繁峙县—五台县）公路部分危险路段实行交通管制，对事故现场设立警戒，防止闲散人员和车辆进入。

（3）对处在危险区域内的 100 多名滞留人员进行紧急撤离、疏散。

（4）通知太原钢铁公司峨口铁矿，短时间内撤离尾矿库下游企业和居住的所有人员。

（5）通知代县政府关闭峨口镇相关村的浇地闸口，防止矿浆进入农田。

（6）通知下游可能受到威胁的村庄做好应急撤离准备。

（7）通知峨矿变电站停电避灾，以防不必要的财产损失。

（8）抽调了部分人员组成巡逻队，沿峨河下游各村巡逻看守，确保峨河沿线群众的人身安全。

事故的直接原因是回水塔堵塞不严，从回水塔漏出的尾矿将排水管堵塞，库内水位通过回水塔和排水管，从已经埋没的处于尾矿堆积坝外坡下的田水塔顶渗出，从而引起尾矿的流土破坏，造成尾矿坝坝坡局部滑坡。由于压力渗水不断，滑坡面积不断扩大，造成最终垮坝。

以下是事故的间接原因。

（1）设计不规范。太钢矿业公司矿山设计研究所编制的《宝山矿业有限公司选矿厂尾矿库初步设计》及施工图件存在缺陷，对宝山公司尾矿库建设和生产形成误导。

（2）自然因素影响。2007 年 2 月底至 3 月初，包括库区在内的五台山地区连降两场大雪，库区周边积雪达 0.5m 以上。雪后气温较高，冰雪融化速度快，融水沿尾矿库表面向深部渗透，尾矿库坝体的强度和稳定性降低。

（3）尾矿库现场安全管理不到位。宝山公司对尾矿库安全生产不重视，在建设运营、日常安全管理上存在问题。1）擅自和超能力排尾。企业长期以来没有按照设计要求和尾矿库实际的授尾能力，制订年度排尾计划，超能力随意排尾。在没有建设新尾矿库的情况下，便将新增选矿的尾矿排入旧尾矿库，超过了尾矿库的实际承载能力，使其长期处于超负荷运营状态；不能确保有效的干滩长度，浸润线长期过高，坝体长期处于不稳状态。2）企业长期没有聘用尾矿库安全技术管理的专业人才，不重视对员工的安全培训教育，对尾矿存在的重大隐患不能及时预测和发现。

案例 32：2007 年 5 月 18 日上午 10 点多，山西繁峙县宝山矿业公司尾矿库发生渗漏事故，致使尾矿库彻底损毁，选厂破碎车间彻底冲垮，办公楼、选矿车间全部被淹；运输队数十辆大型推土机、挖掘机、载重汽车被冲毁或冲走；沿途排洪渠、道路、场地等被淹没；太原钢铁公司峨口铁矿变电站被冲毁；太原钢铁公司峨口铁矿铁路专线桥墩冲坏；淹没了繁峙县及代县沿峨河的农田、林地 561 亩。还造成峨河、滹沱河污染。直接经济损失 4000 多万元，无人员伤亡。

事故过程：2007 年 5 月 18 日上午 10 点多，当班尾矿工发现正常生产运营的尾矿库中部距坝顶20m处，约有3m²左右异常泛潮及部分渗漏，当即向矿尾矿部负责人张某汇报。张某一方面向分管领导汇报，另一方面按照常规采取抢救措施，安排人员堵塞尾矿库内回水管口，打开坝底回水管的直排口。宝山公司领导接到报告后，下令选厂立即停产，并启动库内清水泵紧急排放库内清水。大约中午11点，排渗管发生堵塞，坝肩开始渗漏，渗漏处开始流泥沙。15点坝体流沙范围扩大，坝体下方出现大面积溃塌，造成尾矿坝溃坝。到20日0点44分，共有近100万立方米尾沙泥浆溃泄而下，沿排洪沟、河道冲入峨河下游，绵延10余千米。

案例33：2007年6月8日晚上11时，广东罗城县一洞锡矿尾矿库发生溃坝事故。事故过程：2007年6月8日天降大雨，晚上11时左右一洞锡矿一级尾矿库库尾溢流沟的管道爆裂，大量的选矿废水、淤泥和尾矿砂顺溢流沟下流，冲击坝首的初期坝。初期坝的泥砂被冲刷后，顺势而下，全部流进下游二级尾矿库，二级尾矿库对突来的一级尾矿库废水、淤泥、尾矿砂、初期坝泥砂，泄洪不及，9日凌晨1时左右，二级尾矿库发生垮坝事故。据现场勘查，当时随溢流沟流出的选矿废水约2000m³，淤泥及尾矿砂约500m³，初期坝泥砂约400m³，一级尾矿库初期坝目前发现有决裂现象。二级尾矿库约2000m³尾砂随垮塌口流入下游宝坛河，目前二级尾矿库尚存约1000m³的尾矿砂还堆存在尾矿库的左侧。

案例34：2007年6月14日，江西德兴市罗家墩金矿尾矿库因发生管涌而溃坝，造成下游大量农田淹没。

案例35：2007年7月26日，由于连降暴雨，湖南省娄底市中泰矿业发展有限公司（铅锌矿）尾砂坝底过水涵洞坍塌，导致下游3000多名居民被紧急疏散。

案例36：2007年7月26日18时左右，贵州省铜仁地区万山区贵州汞矿大水溪尾矿库发生洪水漫顶，造成下游1500~3000m范围内的4709名居民涉险。

案例37：2007年11月25日5时50分左右，辽宁省鞍山市海城西洋鼎洋矿业有限公司选矿厂5号尾矿库铁矿尾擅自加高坝体，引发深层滑坡溃坝，致使约54万立方米尾矿下泄，造成该库下游约2千米处的甘泉镇向阳寨村部分房屋被冲毁，13人死亡，3人失踪，39人受伤（其中4人重伤），直接经济损失1973.17万元。

海城西洋鼎洋矿业有限公司尾矿库分两期建设，其中1号库为一期工程，库容约130万立方米，因未取得安全生产许可证，已于2006年年底停止使用，即将闭库；二期工程包括2~5号尾矿库，于2007年7月完成设计，10月16日竣工，11月6日取得安全生产许可证。二期工程设计总库容为78.4万立方米，尾矿坝为一次性建筑土石坝，尾矿库等别为5等库，设计服务年限5年。其中，发生溃坝的5号库设计库容36.78万立方米，设计最大坝高14m，内外坡比1:2。据中冶沈勘工程技术有限公司的测量结果：最大坝高约22m，内外坡比为1:1.7至1:1.9，实际库容约 80 万立方米。

事故发生的直接原因是发生事故的 5 号尾矿库坝体超高。《可研报告》和《预评价报告》确定的坝高为 9.5m，正式提交的初步设计将坝高更改为 14m，而实际坝高 22m，库容明显增大（初步设计为 36.78 万立方米，实际库容约 80 万立方米），使坝体承受荷载发生了较大变化。坝坡过陡，降低了坝体稳定性。现状地形测量实际坝外坡坡比为 1∶1.7 至 1∶1.9（坝内坡事故后已全部垮塌），坝外坡比小于原初步设计坡比 1∶2.0。坝体土体密实度低，降低了筑坝土体的抗剪强度以及坝体稳定性。初步设计干密度 1.75t/m³，实际干密度为 1.47 ~ 1.5.3t/m³。坝基没有坐落在稳定的基岩上。坝基下有部分强度较低的黏性土没有清除，降低了坝体沿基础面的抗滑稳定性。上述原因导致 5 号库溃坝，造成事故发生。

事故包括下述间接原因。

（1）西洋集团及鼎洋公司严重违反基本建设程序，违法建设尾矿库。未办理开工审批手续，违法组织施工。西洋集团及鼎洋公司于 2006 年 4 月在组织鼎洋公司 2 ~ 5 号尾矿库建设工程中，只是口头委托相关单位编制了《可研报告》《初步设计》和《安全专篇》，没有签订委托合同，没有向设计单位提供 5 号尾矿库挡水坝的工程地质勘查报告，没有委托设计单位进行工程施工图设计，没有向建设行政主管部门申请办理施工许可证。在《安全专篇》未经审查合格批准前，明知本单位不具备尾矿库施工资质，却于 2007 年 3 月仅凭设计单位先期提供的初步设计草图，组织指挥本企业人员和根本没有尾矿库施工资质的公司劳务人员进行尾矿库及 5 号库坝体施工；由于施工单位没有尾矿库施工资质，又未按规定委托监理单位对工程实施监理，致使坝体基础处理和土质的密实度均达不到设计和有关标准规程的要求，同时，坝高在竣工验收前已超出设计高度 6.5m，使 5 号库坝体稳定性存在严重隐患。竣工验收时弄虚作假。为使工程达到竣工验收条件，在没有监理单位对工程实施监理的情况下，以付 1 万元监理费的条件，找到某工程建设监理中心，让其在工程竣工验收报告单监理单位栏内盖章；让根本没有尾矿库施工资质也不是尾矿库施工主体单位的某公司在工程验收报告单施工单位栏内盖章。竣工验收后又擅自加高坝体。11 月 2 日 5 号尾矿库工程竣工验收后，鼎洋公司尾矿库车间为使 5 号库内清水与 2 号库形成自流，在未履行设计变更手续的情况下，组织人员将坝高增加 1.5m，致使坝体的稳定性进一步降低，最终导致垮坝事故发生。

（2）企业管理混乱，应急救援管理存在严重问题。鼎洋公司安全生产规章制度不健全，没有公司法定代表人的安全职责，没有巡坝员的安全职责和作业规程，对尾矿处理没有计划，日处理尾矿量没有记录，管理混乱。特别是公司的《尾矿库安全生产事故应急救援预案》存在严重漏洞，应急组织机构存在问题。

公司应急救援指挥领导小组的组长、总指挥既不是董事长，也不是经理，成员中也没有尾矿库车间主任和负责巡坝的段长。应急措施存在严重问题。《预案》中没有规定在出现危及下游村民安全的险情时应采取的应急措施。正是由于企业应急救援管理的混乱，造成在重大垮坝险情发现1个多小时的时间里，现场人员不能在第一时间通知当地政府及下游村民或向110报警，贻误了疏散下游村民的时机。

（3）所谓的施工单位和监理单位弄虚作假，出具虚假证明。某监理中心没有与建设单位签订监理合同，没有对2~5号尾矿库工程实施现场监理，在获取1万元所谓监理费后，出具虚假证明，在鼎洋公司尾矿库工程竣工验收报告单上"符合设计要求，工程质量合格，达到工程竣工验收标准"的结论后盖章。委托的某建筑公司不具备尾矿库施工资质，未与建设单位签订合同，只是以劳务合作形式提供20余人的施工人员参与鼎洋公司组织的施工，却在工程验收报告单上盖章。其行为掩盖了施工过程中埋下的事故隐患，为不具备竣工验收条件的尾矿库工程通过竣工验收创造了条件。其余还存在设计单位违规设计、安全评价存在问题及安全设施审查验收不负责任、安全监管不力的问题。

案例38：2008年4月18日下午2点左右，安徽马鞍山市银塘镇境内的黄梅山铁矿丙子山矿东郊尾矿库部分坝体发生坍漏事故。所幸没有造成人员伤亡及其他损失。黄梅山铁矿是马鞍山市一家地方企业，这个尾矿库1971年建成并投入使用，2000年年底接近设计标高后，库容量达到90万立方米，并停止使用。目前，坝顶标高48m，坝长约300m。发生坍塌的坝体长约180m，塌方土体坝脚处约水平外移10多米，侵蚀了少量农田。

案例39：2008年4月22日15时30分，山东蓬莱市大柳行镇金鑫实业公司金矿尾矿库发生塌陷事故，导致8名矿工被困在井下。事故发生后，企业对泄漏尾矿库地表水进行拦截，对塌陷口进行充填，对井下积水进行抽排，但发生塌陷的采空区是一个多年废弃不用的老矿井，深部情况不明，给救援工作带来很大困难。初步查明，这起事故系连日降雨，不明采空区发生意外塌陷，存放在尾矿库的泥沙泄漏所致。

案例40：2008年7月22日，陕西山阳县王闫乡双河村永恒矿建公司双河钒矿尾矿库泄漏事故。泄漏事故发生在1号排洪斜槽下部竖井顶端以下1m处混凝土与坡皮连接部位。该处连接排洪斜槽的是6m深的竖井，竖井底通过约20m排洪隧洞与主排洪隧洞相接。造成此次泄漏污染事故的直接原因是排洪竖井顶端接近地表，地质条件较差，岩石风化较强，受"5·12"汶川特大地震及余震影响，使地质结构发生了一定变化，且尾矿库压力随着尾矿堆高日益增加。排洪斜槽坡度较陡，泄洪时流速较高，水流直接冲刷井壁，随着尾矿库使用时间的延长，致使岩石的强度逐渐降低。造成此次泄漏污染事故的间接原因是该尾矿库的地质勘查、设计、施工未按正规程序进行，且施工单位无资质，无法保证其工程质量，加上排洪竖井未衬砌及无梯子、无照明，企业安全隐患检查出现疏漏，隐患排查整改不到位等。造成约 9300m³ 的尾矿泥沙和库内废水泄漏，450 亩农田被淤积淹没，并进入湖北郧西谢家河流域，直接经济损失达 192 万元。此次泄漏事故是企业未按正规的建设程序进行地质勘查、设计、施工，管理人员安全意识不强，对尾矿库存在的重大安全隐患排除不及时，措施不得力，导致排洪系统局部超过承载能力突然塌陷，造成尾矿废水和部分尾矿砂泄漏的生产安全责任事故，并引发次生的环境污染事故。

案例 41：2008 年 9 月 8 日 7 时 58 分，山西省临汾市襄汾县新塔矿业有限公司（以下简称新塔公司）980 沟尾矿库发生特别重大溃坝事故。事故共造成 277 人死亡、4 人失踪、34 人受伤，直接经济损失达 9619.2 万元。根据国务院山西省襄汾县新塔矿业公司"9·8"特别重大尾矿库溃坝事故调查组调查认定，事故发生的直接原因是新塔公司非法违规建设、生产，致使尾矿堆积坝坡过陡。同时，采用库内铺设塑料防水膜防止尾矿水下渗和黄土贴坡阻挡坝内水外渗等错误做法，导致坝体发生局部渗透破坏，引起处于极限状态的坝体失去平衡、整体滑动，造成溃坝。事故间接原因：（1）新塔公司无视国家法律法规，非法违规建设尾矿库并长期非法生产，安全生产管理混乱；（2）地方各级政府有关部门不依法履行职责，对新塔公司长期非法采矿、非法建设尾矿库和非法生产运营等问题监管不力，少数工作人员失职渎职、玩忽职守；（3）地方各级政府贯彻执行国家安全生产方针政策和法律法规不力，未依法履行职责，有关领导干部存在失职渎职、玩忽职守问题。

根据《山西省襄汾县新塔业公司"9·8"特别重大尾矿库溃坝事故调查报告》，新塔公司生产矿区原属临钢公司塔儿山铁矿。从 2007 年 3 月至事故发生前，新塔公司共采出矿石约 77.8 万吨。新塔公司选矿采用临钢公司原选矿厂，选矿工艺为破碎—球磨—磁选，年处理能力为 35 万吨，于 2007 年 9 月 16 日正式开始生产。根据调查和测算，至事故发生前，该选矿厂共产出铁精粉约 10 万吨。

980 沟尾矿库是 1977 年临钢公司为与年处理 5 万吨铁矿的简易小选厂相配套而建设，位于山西省临汾市襄汾县陶寺乡云合村 980 沟。1982 年 7 月 30 日，尾矿库曾被洪水冲垮，临钢公司在原初期坝下游约 150m 处重建浆砌石初期坝。1988 年，临钢公司决定停用 980 沟尾矿库，并进行了简单闭库处理，此时总坝高约 36.4m。2000 年，临钢公司拟重新启用 980 沟尾矿库，新建约 7m 高的黄土子坝，但基本未排放尾矿。2006 年 10 月 16 日，980 沟尾矿库土地使用权移交给襄汾县人民政府。2007 年 9 月，新塔公司擅自在停用的 980 沟尾矿库上筑坝放矿，尾矿堆坝的下游坡比为 1：1.3 至 1：1.4。自 2008 年年初以来，尾矿坝子坝脚多次出现渗水现象，新塔公司采取在子坝外坡用黄土贴坡的方法防止渗水并加大坝坡宽度，并用塑料膜铺于沉积滩面上，阻止尾矿水外渗，使库内水边线直逼坝前，无法形成干滩。事故发生前，尾矿坝总坝高约50.7m，总库容约36.8万立方米，储存尾砂约29.4万立方米。

事故发生经过：2008年9月8日7时58分，980沟尾矿库左岸的坝顶下方约10m处，坝坡出现向外拱动现象，伴随几声连续的巨大响声，数十秒内坝体绝大部分溃塌，库内约19万立方米的尾砂浆体倾盆而泻，吞没了下游的宿舍区、集贸市场和办公楼等设施，波及范围约35hm²（525亩），最远影响距离约2.5km。9月8日上午8时许，襄汾县陶寺乡党委书记接到云合村委会的事故报告后，立即上报了襄汾县人民政府。9时许，襄汾县人民政府县长李学俊到达事故现场后，在没有降暴雨、事故原因尚不清楚的情况下，指示县政府工作人员向临汾市委、市政府做出"暴雨引起山体滑坡、导致尾矿库溃坝"的报告。临汾市委书记夏振贵、市长刘志杰到达事故现场后，只是简单听取了县里有关负责人员的情况汇报，在没有广泛开展深入调查了解、研究分析事故可能造成的伤亡、组织有效的排查抢险工作情况下，就回到市里继续开会。当日下午4时许，临汾市抢险指挥部要求上报死亡人数，在明知已发现33具尸体的情况下，襄汾县委书记亢海银决定按"死亡26人、受伤22人"上报，县长李学俊、副县长韩保全表示同意。临汾市及山西省政府按襄汾县政府所报告情况逐级上报，并通过新闻媒体对事故原因和人员伤亡情况进行了失实报道，在社会上造成了恶劣影响。事故发生后，山西省委、省政府组织民兵预备役、公安干警、武警消防官兵，集结大型装载机、救护车开展抢险救援。9月10日，国务委员兼国务院秘书长马凯亲临事故现场指导抢险救援工作；国家安全监管总局、国土资源部、监察部、工业和信息化部、全国总工会和山西省委、省政府有关负责同志先后赶到现场指导事故抢险救援工作。在抢险救援过程中，参加现场抢险人员共25530人次，出动大型抢险搜救机械1445台次，开挖泥土160余万立方米，找到遇难者遗体277具，抢救受伤人员33人。此外，群众报告并经襄汾县人民政府核实，有4人在事故中失踪。截至2009年2月10日，277名遇难者遗体中，266具已安葬并完成赔偿工作，还有11位遇难者遗体（尸块）没人认领。整个善后工作平稳有序，社会秩序稳定。

事故的直接原因：新塔公司非法违规建设、生产，致使尾矿堆积坝坡过陡。同时，采用库内铺设塑料防水膜防止尾矿水下渗和黄土贴坡阻挡坝内水外渗等错误做法，导致坝体发生局部渗透破坏，引起处于极限状态的坝体失去平衡、整体滑动，造成溃坝。

事故还包括如下间接原因。

（1）新塔公司无视国家法律法规，非法违规建设尾矿库并长期非法生产，安全生产管理混乱。

1）非法违规建设尾矿库。在未经尾矿库重新启用设计论证、有关部门审批，也未办理用地手续、未由有资质单位施工等情况下，擅自在已闭库的尾矿库上再筑坝建设并排放尾矿；未取得尾矿库《安全生产许可证》、未进行环境影响评价，就大量进行排放生产。

2）长期非法采矿选矿。新塔公司一直在相关证照不全的情况下非法开采铁矿石，非法购买、使用民爆物品。2007 年 9 月以来，新塔公司在未取得相关证照、未办理相关手续情况下，非法进行选矿生产。

3）长期超范围经营，违法生产销售。新塔公司注册的经营范围为经销铁矿石，但实际从事铁矿石开采、选矿作业、矿产品销售。

4）企业内部安全生产管理混乱。新塔公司安全管理规章制度严重缺失，日常安全管理流于形式，安全生产隐患排查工作不落实，采矿作业基本处于无制度、无管理的失控状态，安全生产隐患严重。尾矿库毫无任何监测、监控措施，也不进行安全检查和评价，冒险蛮干贴坡，尾矿库在事故发生前已为危库。

5）无视和对抗政府有关部门的监管。2007 年 7 月至事故发生前，当地政府及有关部门多次向新塔公司下达执法文书，要求停止一切非法生产活动。但直至事故发生，该公司未停止非法生产，并在公安部门查获其非法使用民爆物品后，围攻、打伤民警，堵住派出所大门，切断水电气，砸坏办公设施。

（2）地方各级政府有关部门不依法履行职责，对新塔公司长期非法采矿、非法建设尾矿库和非法生产运营等问题监管不力，少数工作人员失职渎职、玩忽职守。

1）山西省安全监管部门、临汾市安全监管部门及襄汾县安全监管部门对新塔公司尾矿库未取得《安全生产许可证》长期非法运行行为未采取有效措施予以打击；省、市、县安全监管部门开展的安全生产隐患排查和安全生产百日督查工作流于形式，没有对该尾矿库采取取缔关闭措施；襄汾县安全监管局没有落实山西省安全生产百日督查组提出的尾矿库立即停产的要求，并向临汾市安委会做出虚假报告；山西省安全监管局在"回头看"期间，未按照要求督查省安全生产百日督查组查出的重大安全隐患整改情况，致使该尾矿库在事故发生前一直在非法生产。

2）山西省、临汾市、襄汾县国土资源部门对新塔公司未取得《土地使用证》、未办理用地手续就占用国有土地问题，未依法进行监管检查；市、县国土资源部门对该公司占用国有土地非法建设尾矿库行为监管不力；县国土资源部门多次检查发现新塔公司非法采矿行为，未采取有力措施予以打击；市国土资源部门擅自放宽《采矿许可证》到期办理延续的条件；市、县国土资源部门在新塔公司《采矿许可证》逾期 9 个月后，仍违规为其办理《采矿许可证》延续手续，县国土资源部门还为该公司出具虚假证明。

3）临汾市、襄汾县环保部门对新塔公司未进行环境影响评价，对非法建设运行尾矿库行为执法不严，未督促予以整改；县环保部门对新塔公司违法排污行为没有依法处理；市、县环保部门组织环境安全隐患排查治理工作不力，对新塔公司尾矿库存在的重大环境安全隐患失察。

4）临汾市、东城区、襄汾县公安机关对新塔公司长期非法购买、运输、储存和使用民爆物品的行为打击不力；对新塔公司民爆物品日常监管乏力，2008年1月至8月期间襄汾县公安机关对该公司民爆物品监管工作基本处于失控状态；襄汾县公安机关有关负责人保护和纵容该公司的违法行为。

5）临汾市、襄汾县供电单位未落实市、县政府对新塔公司的停电要求；未按规定对新塔公司矿区停供电情况进行检查。

6）临汾市、襄汾县工商行政管理部门对新塔公司长期超范围经营问题失察，日常检查和定期检查流于形式，2007年5月至2008年7月未对该公司进行年检和巡查。

7）临汾市、襄汾县水利部门违规审核和批准新塔公司取水许可申请；对新塔公司用于非法生产的取水行为监管不力。

8）临汾市、襄汾县劳动和社会保障部门对新塔公司劳动用工情况检查不力；对该公司长期非法用工以及未进行劳动用工备案、不签订劳动合同、不缴纳工伤保险等问题没有采取措施加以解决。

（3）地方各级政府贯彻执行国家安全生产方针政策和法律法规不力，未依法履行职责，有关领导干部存在失职渎职、玩忽职守问题。

1）陶寺乡政府明知新塔公司无《安全生产许可证》，《采矿许可证》已过期，仍长期进行非法建设、生产和经营，未采取有效措施予以依法打击；在重点行业和领域开展安全生产隐患排查治理和安全生产百日督查专项行动流于形式，对新塔公司存在的重大安全隐患未采取有效处置措施。

2）襄汾县政府明知新塔公司无《安全生产许可证》，《采矿许可证》已过期，但仍然进行非法建设、生产、经营，未组织和督促有关部门采取有效措施予以取缔关闭；组织开展安全生产隐患排查治理和安全生产百日督查专项行动工作不力，对新塔公司存在的重大安全隐患没有督促有关部门和企业及时进行治理。尤其是收到临汾市安委会有关该尾矿库安全生产隐患整改督办令后，没有按照有关规定进行落实。

3）临汾市政府贯彻执行国家安全生产法律法规和政策不力，对新塔公司长期存在的非法建设、生产、经营行为打击不力；组织开展安全生产隐患排查治理和安全生产百日督查专项行动工作不扎实，对新塔公司尾矿库存在的重大安全隐患，未督促有关职能部门和襄汾县政府跟踪检查落实情况，彻底进行治理。

4）山西省政府贯彻执行国家安全生产法律法规、政策不到位，督促指导有关职能部门和地方政府履行职责不力，开展安全生产隐患排查治理和安全生产百日督查专项行动工作存在薄弱环节，对市、县存在的重大安全隐患未及时有效治理的情况失察。

案例 42：2009 年 4 月 15 日下午 5 点 20 分左右，承德市平泉县富有铁矿一停用尾矿库坝体发生局部管涌，造成部分坝体坍塌，下泄尾矿砂约 7 万立方米，有 3 人下落不明。

案例 43：2009 年 6 月 17 日，江西上犹县营前矿业有限公司尾矿库排水斜槽连接井断裂造成尾砂泄漏，部分农田被淹，无人员伤亡。

案例 44：2009 年 8 月 29 日陕西汉阴县黄龙金矿尾矿库排洪涵洞塌陷。据了解，受山洪影响，8 月 29 日 5 时和 8 月 30 日 7 时，汉阴县黄龙金矿尾矿库排洪涵洞尾部相继发生两处塌陷，导致约 8000m³ 尾砂泄漏。险情导致尾矿库附近的青泥河水受到严重污染，并严重威胁与其通过涵洞相连的观音河水库水质，而后者是汉阴县城老城区自来水的主要水源地。由于事故发现及时，抢险措施得力，事故未造成人员伤亡和直接财产损失。

事故过程：2009 年 8 月 29 日晨 5 时许，连续的降雨致使尾矿库水位上涨，突然监测人员发现库区的尾部中间下陷，不一会儿就出现了一个坑，监测人员立即将这一情况向矿方领导汇报。县委、县政府接到报告后高度重视，立即组织环保、安监、水利等部门赶赴现场组织抢险。8 月 30 日，正在抢险人员采取措施封堵泄漏的过程中，库区再次发生坍塌。由于降雨集中，雨量大，流速急，塌陷泄露的尾矿砂随洪水从大篆沟进入青泥河河道，河水严重浑浊，呈灰黑色，青泥河水质和下游生态环境受到严重威胁。这次尾矿库事故中，泄洪槽坍塌是泄漏主因。

案例 45：2009 年 11 月 25 日 22 时左右，银山铅锌矿尾矿库一老溢流槽出现尾砂泄漏。历时 1 小时后完全控制了尾矿砂外泄。经初步分析，事故是部分斜槽盖板断裂引起，下泄尾砂约 3 万立方米，造成下游约 3km 长的沟谷内近 300 亩旱地、水田受污染，一所小学停课 2 天。

案例 46：2010 年 2 月 28 日凌晨 1 时许，山西运城闻喜县石门乡上横榆村中鑫矿业青山选矿厂尾矿库溢洪明渠堵塞，引发坝体决口。事故中没有造成人员伤亡，但部分民房损坏。

案例 47：2010 年 7 月 24 日，河南栾川甘涧沟尾矿库因泥石流导致洪水漫顶，事故原因：因特大暴雨形成泥石流冲垮房屋数十间，泥石流与屋架封堵排洪井进口，导致洪水漫坝溃决。因应急预案执行坚决，下游 2km 范围 4 个居民村及时撤离，无人伤亡。

案例 48：2010 年 9 月 21 日，受台风"凡亚比"带来的罕见特大暴雨影响，广东茂名市信宜紫金矿业有限公司银岩锡矿高旗岭尾矿库发生溃坝事件，共造成22人死亡，造成重大人员伤亡和财产损失。据茂名市、信宜市房产局房屋鉴定所核定，房屋全倒户523户、受损户815户。受溃坝影响，下游流域范围内交通、水利等公共基础设施以及农田、农作物等严重损毁。尾矿库溃坝的原因经深入调查和多次现场勘验，确定此次尾矿库溃坝的原因主要有以下3个方面。

（1）溃坝诱发因素：台风"凡亚比"引起的特大暴雨降雨量，超过200年一遇。经查，银岩锡矿周边地区200年一遇24小时最大降雨量为424mm。受台风"凡亚比"影响，此次该地区24小时最大降雨量为427mm，超200年一遇的实际值。

（2）溃坝直接原因：尾矿库排水井在施工过程中被擅自抬高进水口标高、企业对尾矿库运行管理安全责任不落实。经查，该尾矿库1号排水井最低进水口原设计标高为749m，但实际标高为751.597m，被擅自修改抬高2.597m，严重影响了排水井的泄洪能力。

（3）溃坝间接原因：尾矿库设计标准水文参数和汇水面积取值不合理，致使该尾矿库实际防洪标准偏低。1）原设计200年一遇标准降雨量取值不合理。经复核，银岩锡矿区200年一遇降雨量应为424mm，而原设计选取200年一遇降雨量为379.5mm，偏差44.5mm。2）尾矿库汇水面积设计取值存在较大误差。原设计采用的尾矿库汇水面积为2.503km²，而经省国土资源测绘院（测绘甲级资质）重新测量，高旗岭尾矿库的总汇水面积实际应为3.743km²，设计取值比实际值小1.24km²，导致排洪压力比原设计的大。3）原设计未考虑设置应急排洪设施。尾矿库安全预评价报告提出，按200年一遇暴雨洪水标准，调洪水位距坝顶仅0.03m，不满足1.0m的规范要求，有洪水漫坝的可能，建议在初期坝使用时期，加设应急排洪设施。但现场勘查时没有发现应急排洪设施。

案例49：2011年7月21日，四川省松潘县绵阳市电解锰厂尾矿库由强降雨引发溃坝，造成严重的水体污染，近20万人饮水困难。受暴雨山洪暴发所致，尾矿库电解锰尾矿渣挡坝部分损毁，泥石流将电解锰尾矿渣冲进入涪江水体，导致绵阳江油、绵阳城区段水质氨、氮、锰超标，影响涪江水质，以涪江作水源的绵阳、江油城市自来水不能饮用，给绵阳、江油等地群众生活带来重大影响。据统计，此次灾害造成小河乡丰岩村等90户群众共计100余亩土地及农作物不同程度受损，2户农户的5间房屋被冲毁，冲毁平松路堡坎12.5m，山洪泥石流造成电解锰厂渣场挡坝部分损毁，泥石流卷走部分矿渣。

案例50：2011年12月4日15时40分左右，湖北省郧西县人和矿业开发有限公司柳家沟尾矿库一号排水井封堵井盖断裂，导致约6000m³尾矿泄漏，导致约2km长的山涧沟河受污染，未造成人员伤亡。根据国家安全监管总局办公厅关于《湖北省郧西县人和矿业开发有限公司柳家沟尾矿库"12·4"泄漏事故的通报》，有关情况通报如下几方面。

（1）事故单位基本情况。郧西县人和矿业开发有限公司成立于 2008 年 6 月，为私营企业，其矿山为露天探矿，持有探矿证。该企业尾矿库设计总库容为 33.6 万立方米，有效库容为 26.8 万立方米，总坝高 23m，初期坝高 15m，为五等库。该尾矿库建设履行了安全设施"三同时"手续，于 2011 年 4 月通过了由十堰市安全监管局组织的验收，未取得安全生产许可证。

（2）事故原因初步分析。据初步分析，导致尾矿泄漏的主要原因：1）排水井筒采用砖砌，未按设计要求使用混凝土浇筑，强度不够。2）一号排水井封堵于井筒顶部，不符合应封堵于排水井底部的规定要求，加之封堵厚度不足，随着尾砂堆存和坝体的升高，导致封堵断裂和井筒上部破坏，发生尾砂流失和泄漏。事故暴露出该企业长期从事采矿活动，尾矿库建设不规范，严重违反设计进行施工，长期无证运行，企业安全生产主体责任不落实，有关部门对尾矿库安全设施验收不严格等问题，社会负面影响较大，教训十分深刻。

案例 51：2012 年 3 月 27 日，湖北十堰市竹山县得胜镇永胜施家河铁矿尾矿库突然溃坝，泥浆肆虐 10km，损毁数十亩农田。初步调查显示，该尾矿库灾害原因是连续降雨，导致尾矿库水位过高，因此发生了溢流并溃坝。

案例 52：2013 年 12 月 23 日 8 时 43 分许，云南省红河州金平昆钢金河有限公司李子箐尾矿库 5 号输水井上方山体因近日连续强降雨发生滑坡，导致现场施工的中国有色金属工业第十四冶金建设公司 5 名员工被埋。滑坡土方量长 25m，宽 20m，厚 5m，约有 2500m²，事故已造成 1 人受伤，4 人死亡。

案例 53：2014 年 4 月 19 日 21 时 30 分许，浙江大金庄矿业有限公司遂昌县柘岱口乡横坑坪萤石矿尾矿库堆积坝右肩出现垮塌，尾砂流出尾矿库。4 月 20 日 7 时 30 分左右，堆积坝左肩尾砂流体位移到右侧从右肩缺口冲下，导致堆积坝尾砂全部冲出，一半基础坝冲毁。据估算，库内 5 万余立方米尾砂约有 2 万立方米下泄，造成企业尾矿库值班库房及设施等受损。根据浙江省安全生产监督管理局《关于浙江大金庄矿业有限公司遂昌县柘岱口乡横坑坪萤石矿尾矿库 4·19 溃坝事故》的通报，据初步分析，事故发生的主要原因是：企业违规将尾矿库当作蓄水池使用，导致最小干滩长度无法保障，库内水位超高，干滩长度最小处只有 5~6m，坝体局部沼泽化，最终导致坝体失稳，引发溃坝。这起尾矿库溃坝事故虽然未造成人员伤亡，但尾矿库坝体及下游设施被冲垮，该起事故也暴露出企业安全生产意识不强，违反尾矿库安全运行规律，隐患排查不认真，应急处理能力弱等诸多问题。

案例 54：2014 年 6 月 22 日凌晨 1 时左右，河南内乡县下关镇卢家坪铅锌矿尾矿坝溃塌，倾泻而下的尾矿渣土堵塞河道长达 5km。造成溃坝的原因可能是坝体内泄洪管道爆裂或移位引发坝体内溃，渣土倾泻。该尾矿坝在 2012 年曾发生过溃坝，而且比这次溃坝严重。自那之后，政府责令矿方对大坝进行重新修造，矿方也请尾矿坝修造专家现场测量制订方案对大坝进行彻底修造。当时一条穿坝而过的泄洪管道深埋渣土之下，可能是泄洪管道老化抗压力下降导致溃坝事故，溃坝事件已对当地河水造成污染。

案例 55： 2015 年 11 月 23 日 21 时 20 分左右，位于甘肃省陇南市西和县甘肃陇星锑业有限责任公司尾矿库发生泄漏，造成跨甘肃、陕西、四川三省的突发环境事件，对沿线部分群众生产生活用水造成了一定影响，并直接威胁到四川省广元市西湾水厂供水安全。根据《甘肃陇星锑业有限责任公司"11·23"尾矿库泄漏次生重大突发环境事件调查报告》指出：陇星锑业选矿厂尾矿库设计坝高59.4m，设计总库容 168 万立方米，事发时尾矿库坝高约 53m，堆存尾砂量约140 万立方米。尾矿库设计有 1 号和 2 号排水井，其中 1 号排水井已于 2010 年封井。事发后，调查组对尾矿库内存留尾矿进行了检测，结果表明尾矿中含有锑、铜、铅、锌、镉、砷、汞等重金属。11 月 24 日，甘肃省对相关流域重金属指标进行监测的结果显示，部分断面铅、砷、锑出现不同程度的超标，11 月 25 日除锑以外的其他 6 项重金属浓度均达标。

A　事件经过

2015 年 11 月 23 日 21 时 20 分左右，陇星锑业发现尾矿库排水涵洞发生尾砂外泄。26 日 2 时，距离事发地 117km 的西汉水甘陕交界处锑浓度出现超标。12月 4 日 18 时，距离事发地 262km 的嘉陵江陕川交界处锑浓度出现超标。12 月 7日 2 时，距离事发地 318km 的广元市西湾水厂取水口上游 2km 的千佛崖断面锑浓度出现超标。12 月 26 日 0 时，即距事发 33 天后，陕川交界处持续稳定达标。2016 年 1 月 28 日 20 时，即事发 67 天后，甘陕交界处持续稳定达标。经评估，此次事件共造成直接经济损失 6120.79 万元，其中甘肃省直接经济损失为1991.93 万元，陕西省直接经济损失为 1673.11 万元，四川省直接经济损失为2455.75 万元。经专家核算，本次事件中尾矿库泄漏约 2.5 万立方米的含锑尾矿及尾矿水。事件造成甘肃省西和县境内太石河至四川省广元市境内嘉陵江与白龙江（嘉陵江支流）交汇处共计约 346km 河道、甘肃省西和县境内部分区域地下水井锑浓度超标。甘肃、陕西、四川三省部分区域乡镇集中饮水水源、地下井水因超标或因可能影响饮水安全而停用，受影响人数约 10.8 万人。应急处置阶段评估结论显示，甘肃省西和县太石河沿岸约 257 亩农田因被污染水直接淹没受到一定程度污染，农田土壤（0~40cm）超标率为 20%（参考 WHO 基于保护人体健康目的制定的土壤中最大容许浓度 36mg/kg）。

B　事件发生直接原因

经现场调查取证和实验分析论证，调查组最终认定，陇星锑业选矿厂尾矿库2 号排水井拱板破损脱落，导致含锑尾矿及尾矿水经排水涵洞进入太石河是造成事件发生的直接原因。排水井拱板破损情况：陇星锑业尾矿库2号排水井井座上第1层井圈、水面下约6m处、东北偏北方向的井架两立柱间8块拱板破损脱落，形成了高约2.2m、宽约2.4m、面积约5.28m² 的缺口（见图2-10）。

图2-10 排水井泄漏位置及拱板安装缺陷图

排水井拱板破损原因：经专家认定，2号排水井拱板未按照设计要求进行安装施工导致未形成环形受压状态、排水井拱板质量未达到设计要求是拱板破损脱落形成缺口的主要原因。

案例56：陕西省商洛市商州区麻池河镇九千岔村华迪有限责任公司采石场（废渣库）石粉堆场半个月内发生2次溃坝事故，造成5人死亡。商洛市商州区麻池河镇九千岔村附近的这一采石场，生产的石料主要用于公路建设。崩塌的粉渣堆在半山腰，根本没有做任何的护坡和挡墙，石渣形成的大坝高达一百多米，底部几十米全部用空心砖砌成，存在很大的安全隐患，矿石场还在山下修了一个抽水管道，把河水抽上山，引到石粉堆里，形成了一个堰塞湖。

第一次事故：2014年9月19日凌晨，因连续降雨山体水分饱和，陕西省商洛市商州区麻池河镇九千岔村华迪有限责任公司采石场（废渣库）石粉堆场溃坝引发泥石流，造成倒房4户、危房6户，3人死亡。

第二次事故：2014年10月4日11时30分许，陕西省商洛市商州区麻池河镇九千岔村华迪有限责任公司采石场尾矿堆积坝溃坝引发泥石流，导致清理路面的2位施工工人死亡。

案例57：2016年8月8日，河南洛阳铝矿尾矿库发生溃坝，冲毁了库下游一座村庄，造成300余人无家可归。大坝滑坡宽度100余米，流出赤泥200万立方米，波及长度大约 1.5km，无人员伤亡。尾矿库溃坝前该地区连降暴雨，两侧坡地雨水顺着冲沟全部汇入尾矿库，但当地目击溃坝管理人员说未见库水漫过坝顶，因此大致推断出溃坝原因是渗流破坏失稳。

案例 58：2017 年 2 月 14 日 21 点 30 分左右，河南省栾川县陶湾镇的龙宇钼业有限公司榆木沟尾矿库 6 号溢流井发生坍塌，造成尾矿库内循环水通过溢流井进入环保沉淀池后流入河道。事故发生后，县委、县政府立即对龙宇钼业公司采取停产措施，相关县领导已第一时间带领分管单位负责同志赶赴现场处理，并启动环保、安全应急预案进行处置。尾矿中含有剧毒，矿坝污水已经下流，危及伊河水源。

案例 59：2017 年 3 月 12 日凌晨 2 时 20 分，湖北省黄石市的大冶有色金属有限责任公司铜绿山尾砂库西北角发生局部溃坝事故，事故造成 2 人死亡，1 人失联，事故造成溃口约 200m，下泄尾矿约 20 万立方米，淹没下游鱼塘近 400 亩，直接经济损失 4518.28 万元。直接原因是采空区的顶板花岗岩经长期风化侵蚀而坍塌，造成上部地层下陷，从而导致尾矿库坝体基础下沉断裂失稳，加上库内水体和尾砂的迅速下泄，流动的水体及尾砂对坝体施加水平冲击力，致使坝体西北段呈扇形滑动发生溃坝。

《大冶有色金属有限责任公司铜绿山铜铁矿尾矿库"3·12"较大溃坝事故调查报告》指出：大冶有色公司铜绿山铜铁矿是大冶有色公司所属的二级地下矿山开采企业，其事故单位为大冶市泉塘村三号坝铜铁矿，20 世纪 50 年代，泉塘村在大冶湖流域围湖造田，自南向北建有 5 个围堰，分别称为一号坝、二号坝、三号坝、四号坝、五号坝。铜绿山铜铁矿 20 世纪 60 年代征用一号坝、二号坝作为尾矿库使用，后逐年加高坝体，其中间较小堤坝随之消失。三号坝铜铁矿老主井、主井、副井位于三号坝围堰内。分别距铜绿山铜铁矿尾矿库西北侧坝体 244m、172m、108m。三号坝围堰位于二号坝围堰西北方向，其中间分隔坝段是 2002 年、2004 年铜绿山铜铁矿尾矿库坝体开裂、沉降坝段，也是此次"3·12"溃坝事故坝段。

三号坝铜铁矿始建于 1993 年，原名为"大冶市泉塘三号坝铜铁矿"，属大冶市金湖街道办事处泉塘村集体所有，此后先后换发 5 次采矿许可证。由于三号坝铜铁矿已经被注销和现有调查手段缺乏等原因，其建设、设计、施工、开采等情况无法取得具体文件资料，相关人员也难以找到。现有调查手段能够收集到的文件资料记载：2004 年 3 月 16 日，铜绿山铜铁矿尾矿库发生坝体下沉开裂事故。次日，黄石市安全生产监督管理局主持召开铜绿山矿尾矿库下沉开裂重大隐患整改工作专题会议，形成的《会议纪要》记载"通过对事发现场勘察、调查与分析，与会人员初步认为：造成铜绿山矿尾矿坝坝体下沉开裂，不排除是由大冶市铜绿山镇泉塘村三号坝矿井下采矿所引起的可能性"，决定由"黄石市安委会办公室立即组织专家组进行现场调查、勘察，并拿出尾矿坝下沉开裂的结论性意见"。2004 年 3 月 18 日，黄石市安委会向大冶市人民政府下发《关于尽快消除大冶有色金属公司铜绿山矿尾矿坝下沉开裂等重大事故隐患的督办通知》，要求大冶市政府尽快组织专门力量对三号坝铜铁矿进行 24h 排水、疏巷，以便查明坝体下沉原因、尽快拿出坝体整治方案。2004 年 3 月 26 日，黄石市政府分管领导主持召开铜绿山矿尾矿库下沉开裂重大隐患整改工作专题会议，形成会议纪要，要求"由大冶市政府组织专班，市国土资源局、市安全生产监督管理局积极配合，迅速对铜绿山矿周边矿井进行整治；对资源枯竭、越界开采，要坚决予以取缔；直接对铜绿山矿尾矿库安全生产影响的，坚决停产整治""迅速组织专家技术力量，对尾矿坝下沉开裂进一步调查分析，查明原因，为从根本上加强尾矿坝安全提供依据。这项工作由市安全生产监督管理局和市国土资源局牵头，大冶市政府、大冶市有色金属公司配合，力争 4 月上旬提出原因分析报告""市政府成立铜绿山尾矿坝整治、督办、协调小组。领导小组要督促大冶市政府和大冶有色金属公司迅速制定铜绿山矿周边整治方案和尾矿坝整险加固定方案，方案制定后要迅速整治到位和迅速加固到位。确保尾矿坝安全。领导小组下设三个专班：一是由大冶市政府牵头的铜绿山矿周边矿井整治专班；二是由市安全生产监督管理局、市国土资源管理局牵头的险情原因调查分析专班；三是大冶有色公司尾矿坝整险加固专班。三个专班在整治、调查和排险后要向领导小组写出报告，领导小组要在 5 月中旬写出综合报告，分别报告市政府和周坚卫副省长。"

2004 年 6 月 8 日，受三号坝铜铁矿委托，黄石市地质环境监测所对三号坝铜铁矿的建设现状是否与铜绿山铜铁矿尾矿库"3·16"下沉开裂事故有关进行论证，于 2004 年 6 月 15 日提交《大冶市泉塘村三号坝铜铁矿现状态势对铜绿山矿尾矿库二号坝坝体"3·16"开裂变形影响分析报告》，该报告作出了"三号坝铜铁矿现状建设不是铜绿山铜铁矿尾矿库二号坝"3·16"沉降开裂的诱发因素"的结论。自 2004 年 7 月到 2005 年 5 月，大冶市安监局、黄石市安监局、黄石市国土资源局先后三次组织召开《"3·16"开裂变形影响分析报告》评审会议。评审会最终作出了"三号坝铜铁矿现状建设不是铜绿山铜铁矿尾矿库二号坝"3·16"沉降开裂的诱发因素的结论正确"的结论。2005 年 5 月 16 日，黄石市安监局、黄石市国土局联合向大冶市人民政府下发《关于大冶市泉塘村三号坝铜铁矿现状态势对铜绿山矿尾矿库二号坝坝体"3·16"开裂变形影响分析报告评审意见的通知》。《通知》明确"三号坝铜铁矿现状建设不是铜绿山铜铁矿尾矿库二号坝"3·16"沉降开裂的诱发因素的结论正确"。2005 年 3 月 19 日，大冶市安委会组织召开会议同意恢复三号坝铜铁矿的建设。2005 年 6 月 29 日，大冶市安委会召开三号坝铜铁矿恢复建设专题会议，会议"同意该矿按修改后的设计方案恢复建设"。2007 年 11 月 19 日，大冶市安监局下发《市安全生产监督管理局关于同意大冶市泉塘村三号坝铜铁矿安全设施继续建设的意见》文件。2016年4月，湖北省国土资源厅注销三号坝铜铁矿采矿许可证。

A 铜绿山铜铁矿尾矿库加高扩容工程四期建设情况

铜绿山铜铁矿尾矿库位于大冶市金湖街办泉塘村石泉路北侧大冶湖畔，属平地型尾矿库。东面临水，库长1km，宽0.7km，形似椭圆，库面面积约0.6km²。发生事故的西北段坝体与三号坝铜铁矿毗邻，距离三号坝铜铁矿老主井、主井、副井分别为244m、172m、108m。该尾矿库先后进行过4次加高扩容工程建设。初期坝由长沙有色冶金设计院1965年设计，20世纪60年代末期建成，为均质土坝，长3.6km，坝高7.0m。二期子坝由北京有色设计院1991年设计，于20世纪90年代中期建成，坝顶标高30.0m，坝高16.0m。三期子坝由长沙有色冶金设计研究院2005年设计，其坝长3.03km，总坝高19.0m，总库容1100.0万立方米。四期子坝（+33～+42m）由长沙有色冶金设计研究院2007年设计，最终坝顶标高42.0m，总坝高28m，总库容约1578.03万立方米。

（1）铜绿山铜铁矿尾矿库加高扩容工程四期（+33～+42m）初步设计情况：2005年2月，中国有色金属工业长沙勘察设计研究院出具《大冶有色金属公司铜绿山铜铁矿尾矿库加高扩容工程工程地质勘察报告书》。2005年5月，中国有色金属工业长沙勘察设计研究院德兴分院出具《大冶有色金属公司铜绿山铜铁矿尾矿库加高扩容工程工程地质勘查补充说明》。2007年11月，长沙有色冶金设计研究院提交《大冶有色金属有限责任公司铜绿山铜铁矿尾矿库加高扩容工程初步设计书》《大冶有色金属有限责任公司铜绿山铜铁矿尾矿库加高扩容工程安全专篇》。2008年10月，北京达飞安评管理顾问有限公司出具《大冶有色金属有限责任公司铜绿山铜铁矿尾矿库加高扩容工程安全预评价报告》。2011年6月20日，黄石市矿山安全卫生检测检验所出具《大冶有色金属股份有限责任公司铜绿山铜铁矿尾矿库加高扩容工程（四期一级）安全验收评价报告》（四期一级：+33～+37m）。2009年7月和2011年7月，有关安全生产监督管理机关分别组织通过了上述安全预评价报告、安全验收评价报告评审。

（2）铜绿山铜铁矿尾矿库加高扩容工程四期（+37～+42m）变更设计情况：2015年8月，湖南省资源规划勘测院出具《大冶有色金属有限责任公司铜绿山铜铁矿尾矿库加高扩容工程工程地质勘察报告》（简称《加高扩容工程工程地质勘察报告》）。2015年11月，长沙有色冶金设计研究院有限公司提交《大冶有色金属有限责任公司铜绿山铜铁矿尾矿库稳定复核》（简称《稳定复核》）。2016年1月，中钢武汉安环院绿世纪安全管理顾问有限公司出具《大冶有色金属有限责任公司铜绿山铜铁矿尾矿库稳定性及模袋法筑坝专项安全评价报告》（简称《专项安全评价报告》），2016年1月24日，铜绿山铜铁矿组织专家对《专项安全评价报告》进行了评审并予以通过。2016年3月，长沙有色冶金设计研究院有限公司出具《大冶有色金属有限责任公司铜绿山铜铁矿尾矿库加高扩容工程四期（37~42m）子坝变更安全设施设计》（简称《变更安全设施设计》）。该《变更安全设施设计》主要是将原《加高扩容工程初步设计书》中的子坝土石筑坝方法，变更为模袋筑坝法。为设计需要，此前向湖南省资源规划勘测院下达了《勘察任务书》。2016年4月，有关安全生产监督管理机关组织通过了《变更安全设施设计》评审。

（3）铜绿山铜铁矿尾矿库在线安全监测情况：铜绿山铜铁矿尾矿库建立了人工监测和在线监测两个监测系统。

1）人工监测情况：尾矿库变形观测设置了10个基准点，51个观测点。观测点分别设置于初期坝坝面（+21.0）、二期子坝坝面（+30.0m）及三期子坝坝顶（+33.0m），各17个点。浸润线观测设置了16个观测点，分别设置在初期坝坝面（+21.0m）及二期子坝坝面各8个。

2）在线监测系统：尾矿库在线监测系统设置了34个位移观测点，16个浸润线观测点，包括库区降雨量监测、库水位监测、坝体表面与坝体内部位移监测，坝体浸润线监测，滩顶高程监测（可计算干滩坡度、干滩长度）视频监控（干滩、大坝、进水口、出水口）等10个监测监控项目。

（4）铜绿山铜铁矿尾矿库"3·12"溃坝事故发生后物理探测和岩土工程勘察情况：铜绿山铜铁矿尾矿库"3·12"溃坝事故发生后，中国安全生产科学研究院成立应急救援专家小组，携带高密度电法仪赶赴现场，利用物探技术对铜绿山尾矿坝溃口段地质构造进行了高密度电法高密度的滚动扫描测量，对尾矿库溃坝区域进行物理探测，共发现13个物探异常区域，其中测线1~3分别为3个，测线4为4个。

为了进一步清楚查明溃坝区坝体工程地质条件，大冶有色公司委托中南地质局基础勘察公司对尾矿库溃坝区进行地质勘查，中南地质局基础勘察公司提交了《大冶有色金属有限责任公司铜绿山铜铁矿尾矿库铜绿山铜铁矿尾矿库溃坝地质勘察报告》。此次勘察，在溃坝段的中部坝基位置共布置了6个勘察钻孔。其勘察结论为：

根据本次钻探勘察结果，ZK01（坐标 $x3330308.91$；$y591327.96$；孔口高程 +23.79m）孔口以下30~58m段岩心采取率极低，采取率约15%~20%，岩心呈碎块状，RQD值为零，并夹有闪长岩风化而成的砂状物质，结合中国安全生产科学研究院本项目物探报告异常点和现场存在旋涡点及钻进过程中出现卡钻、漏水等现象，并调查走访了解得知该段坝附近库区内下部存在矿体，历史上曾经进行过开采，并且坝体外侧仍见有采矿竖井等等，综合分析，判断ZK01在30~58m深度范围存在采空区塌陷。

B 事故经过

2017年3月11日中班，江苏昌泰工程咨询有限公司铜绿山矿项目部6名工人，在坝上进行模袋灌沙、扎口及排水作业。18 时 30 分，铜绿山矿选矿车间夜班巡坝工按照班组管理制度要求到达现场进行了正常交接班，巡坝工均按照巡检周期（两小时）对坝体进行巡查一次，巡查过程中未见异常情况。12 日凌晨 2 时 10 分，巡坝工发现值班室突然停电，随后听到一声巨响，外出检查发现部分供电线路的线缆被扯断，立即向值班长报告。当时正在进行模袋施工的 2 人发现其所处工作区域（北部）的坝体开始下沉，并看见尾砂坝西北方向鱼塘位置的高压输送电铁搭有短路火光，并伴有"砰砰"声响。其中 1 位模袋施工的人员见此情况立即跑离，而另 1 位模袋施工的人员在摔倒来不及跑离的情况下，只好趴在滑动的模袋上，在外泄尾矿砂的推动作用下，随着坍塌坝的滑动土体呈波浪状快速向下漂移，直至被困于四面泥水浆围绕的泥土堆处。12 日凌晨 2 时 20 分，巡坝工再次上坝检查时，发现尾矿库西北段坝体溃塌，立刻向选矿车间值班长报告溃坝险情，并在第一时间对东坝和西坝路口交界处进行交通管制，防止人员误入溃口区。与此同时，值班长向车间值班副主任汇报，值班副主任得知溃坝情况后，立即向车间主任和矿生产调度科报告尾矿库 3 号坝溃坝险情。12 日凌晨 2 时 30 分，矿生产调度科值班调度员接到尾矿库溃坝情况报告后，立即向调度科副科长及矿值班领导、技术副矿长报告。技术副矿长接到溃坝事故报告后，立即带领有关人员赶赴事故现场，发现尾矿库 3 号坝西北段发生大面积溃塌、库内大量尾砂流入下游将大片农田、鱼池淹没，立即向矿长报告，并启动尾矿库事故应急救援预案。矿长到达现场进一步了解事故基本情况后，立即向大冶有色公司领导报告事故情况，并安排一位副矿长按照事故应急程序，分别打电话向大冶市市委值班室、黄石市安全生产监督管理局值班室、湖北省安全生产监督管理局值班室进行口头事故快报。随后，将事故报告文本分别报送大冶市人民政府、黄石市安全生产监督管理局、湖北省安全生产监督管理局。

事故发生后，大冶市政府第一时间启动应急响应。大冶市迅速成立了事故抢险救援指挥部，迅速开展事故抢险救援。指挥部坚持把生命抢救放在第一重要位置，全力做好被困人员抢救和失踪人员搜救工作，紧急疏散周边群众，全力救治受伤人员，妥善做好善后处置，科学施策预防次生灾害，建立实时巡坝监测制度，积极稳妥做好事故处置工作。救援工作共投入人员 4592 人次，各类设备 100 余台套（包括 3 台无人机、生命探测仪、人体探测仪、6 台水泵等），各类车辆 181 台（其中救护车 15 台、消防车 15 台次、环境监测车 26 台次、电力应急车 1 台、工程车 52 台等）。大冶有色公司于 3 月 15 日启动临时处置工程，在溃坝口处先采用抛石挤淤方法形成基础，再分层堆石碾压修筑土石拦挡坝，恢复坝顶标高至 33m。溃口于 3 月 24 日实现合拢，开始进入坝面调平加高阶段，基本完成尾砂坝临时处置工程。

C 事故造成人员伤亡和经济损失情况

溃坝区位于铜绿山铜铁矿尾矿库西北坝段，溃口长度底宽 228m，顶宽

321m，库内砂面塌陷面积 15.974 万平方米，下泄尾砂量 76.9 万立方米，水量5.2 万立方米，坝体土方量 16.5 万立方米，共计 98.6 万立方米，淹没下游鱼塘近 400 亩，事故造成下游居民 2 人死亡，1 人失联，直接经济损失 4518.28 万元。经事故调查组调查认定：大冶有色公司铜绿山铜铁矿尾矿库"3·12"溃坝事故是一起较大生产安全责任事故。

D 事故原因

经调查认定，事故的直接原因是：根据《大冶有色金属有限责任公司铜绿山铜铁矿尾矿库溃坝区域物理探测报告》和《大冶有色金属有限责任公司铜绿山铜铁矿尾矿库溃坝地质勘察报告》，尾矿库 3 号坝体溃坝段 ZK01（坐标 $x3330308$，$y591327.9$）底部 $-6.7 \sim -34.4$m 为采空区，采空区高度应大于 27m，采空区的顶板花岗闪长岩经长期风化侵蚀而坍塌，造成上部地层下陷，一级、二期坝基础下沉，导致坝体断裂，造成坝体失稳，加上库内水体和尾砂的迅速下泄，流动的水体及尾砂对 3 号坝体施加水平冲击力，形成东段坝体呈扇形滑动发生溃坝事故。该事故的管理原因如下。

（1）三号坝铜铁矿非法越界进入铜绿山铜铁矿尾矿库盗采库区矿产资源，留下大小不等的采空区。根据 2002 年 5 月 28 日至 2007 年 8 月相关政府部门、中介机构和矿山企业提供的文件资料、情况报告以及从第一次尾矿库尾砂塌陷和第二次尾矿库坝体沉降开裂事故处理情况证明：三号坝铜铁矿在 2007 年 11 月 19 日前实施了采矿活动，并且采矿活动一直没有停止，其井下采掘工程已布置到铜绿山铜铁矿尾矿库坝附近，图上所标填巷道工程与库坝之间的最近水平距离小于 20m，与坝基水平的垂高小于 35m，而实际巷道工程已经由三号坝段的坝底部位进入尾矿库区以内。这些开采工程在井下 43m、23m 中段留下大小不等的采空区。溃坝事故发生后进行的岩土工程勘察证明：钻孔 ZK01 点在 30 ~ 58m 深度范围存在采空区塌陷。该采空区的塌陷，直接造成了"3·12"溃坝事故的发生。

（2）黄石市地质环境监测所在铜绿山铜铁矿尾矿库曾经发生两次严重塌陷下沉开裂事故、缺乏实际井上井下规范勘查资料的情况下，未详细核实三号坝铜铁矿井下实际非法越界开采所形成的采空区范围、位置，为三号坝铜铁矿出具《"3·16"开裂变形影响分析报告》，做出"三号坝铜铁矿矿山现状建设不是尾矿库二号坝'3·16'沉降开裂的诱发因素"的错误结论。该报告缺少三号坝铜铁矿真实井上井下现状对照图，所附矿区平面图中标示的矿体所在位置实际现状差别很大，图中的矿体位置已移出采矿许可证范围外且远离尾矿库坝，没有矿区范围拐点坐标，报告依据错误，结论不可采信。

（3）大冶有色公司设计研究院工作人员鲍霞杰不顾及铜绿山铜铁矿尾矿库的安全，在三号坝铜铁矿建设井口、矿区范围极靠近铜绿山铜铁矿尾矿库西北段坝基、铜绿山铜铁矿尾矿库曾经发生两次严重塌陷下沉开裂事故，并且三号坝铜铁矿已经实施井下非法越界开采的情况下，先后为三号坝铜铁矿编制、出具"一个方案、三个设计"，而且其所编制的"一个方案、三个设计"有关安全生产章节中，均未涉及如何确保尾矿库安全的内容。这为三号坝铜铁矿非法越界开采创造了基础条件，形成间接支持，致使三号坝铜铁矿非法越界开采得以持续进行，对铜绿山铜铁矿尾矿库实际形成了重大安全隐患。经过调查，大冶有色公司设计研究院档案室无"一个方案、三个设计"资料留存。事故调查组收集取得的"一个方案、三个设计"及其附图复印件中，所加盖的印章为行政章而非出图专用章，不符合原大冶有色公司设计研究院的相关出图规定，使用的行政章有的已过期停用，有的与当时使用的行政章字迹明显不符。据此证明，"一个方案、三个设计"是个人私自违法编制提供。

（4）尾矿库加高扩容工程四期施工建设增加了尾矿库的荷载，加速了溃坝事故的发生。尾矿库加高扩容工程四期施工建设对 AB 坝段坝体 24.0m 标高以下进行碎石反压，反压平台施工时间为 2016 年 5 月 10 日至 2017 年 1 月 20 日，达到设计标高后于 2017 年 2 月 9 日至 2017 年 2 月 28 日进料局部调平碾压，2016 年 7 月 29 日至 2016 年 8 月 30 日进行临时模袋和基础抛沙施工，2016 年 7 月 29 日至 2017 年 3 月 11 日进行主体模袋施工。碎石反压平台施工与主体模袋施工大部分时间同时进行。事故时 AB 坝段坝体在工程三期的基础上坝体加高了 2.2m。

（5）湖南省资源规划勘测院没有完成设计单位长沙有色冶金设计研究院有限公司《勘察任务书》要求的工作任务。该院向大冶有色公司出具的《加高扩容工程工程地质勘察报告》存在严重的漏项，未完成四期加高扩容工程设计单位提出的《勘察任务书》中"查明库区和周边 500m 范围内是否存在正在使用或废弃的矿洞，若存在，提出处理措施和建议"的工作要求。没有为后期设计等提供翔实的地质勘察资料，以致长沙有色冶金设计研究院有限公司在《变更安全设施设计》中，对尾矿库坝底实际存在的采空区未采取相应的工程勘探措施设计，导致后期设计与实际工程地质状况需要不符。

（6）长沙有色冶金设计研究院有限公司对湖南省资源规划勘测院出具的《加高扩容工程地质勘察报告》未完成自己要求的《勘察任务书》的情况没有提出异议，默认其工勘结果。在《变更安全设施设计》中，没有提出该变更设计工程的关键线路，未与监理单位及施工单位充分有效沟通，导致施工单位编制的《铜绿山铜铁矿尾矿库加高扩容工程四期子坝变更工程施工组织设计》出现施工顺序错误，监理单位发出错误的停工指令，暂停了 AB 坝段的水平排渗管施工。

（7）湖北鑫力井巷有限公司对长沙有色冶金设计研究院有限公司编制的《变更安全设施设计》中提出的尾矿库现状存在问题和隐患及时消除隐患四项工程措施的重要性认识不够，编制的《铜绿山铜铁矿尾矿库加高扩容工程四期子坝变更工程施工组织设计》出现施工顺序错误，《变更安全设施设计》中要求消除隐患的工程措施未到位，并盲目执行了工程监理单位的错误停工指令，暂停了AB坝段的水平排渗管施工，导致溃坝段的浸润线未降低、坝体长期高水位运行，降低了溃坝段坝体的安全系数，以致此次溃坝事故发生时，东段坝体扇形滑动范围的扩大。

（8）湖南华楚工程建设咨询监理有限公司对《变更安全设施设计》中提出的尾矿库现状存在问题和隐患及消除隐患四项工程措施的重要性认识不够，对工程施工单位编制的《铜绿山铜铁矿尾矿库加高扩容工程四期子坝变更工程施工组织设计》未进行严格、认真审查，对施工组织设计中出现的施工顺序错误未能发现并提出纠正意见，并且在《变更安全设施设计》中要求消除隐患的工程措施未到位的情况下，发出错误的停工指令，暂停了AB坝段的水平排渗管施工，导致溃坝段的浸润线未降低、坝体长期高水位运行，降低了溃坝段坝体的安全系数。

（9）铜绿山铜铁矿尾矿库在线安全监测系统失效，导致"3·12"溃坝事故发生没有能够及时预警预报。根据2017年2月《尾矿库安全技术监测报表》分析结果，J6及J7剖面分别在（+30m标高）二期子坝坝体浸润线埋深分别为6.606m和8.685m，小于《变更安全设施设计》稳定复核中所取用的6.9m和8.88m浸润线埋深，该坝段长期处于高水位运行状态，坝体的最小安全系数比《变更安全设施设计》中的稳定复核值还小。事故前尾矿库正在进行四期（37～42m）子坝堆筑施工，施工过程中在线监测系统线路遭损坏未及时修复，造成在线监测系统失效。

（10）大冶有色公司铜绿山铜铁矿没有落实安全生产主体责任，对湖南省资源规划勘测院提交的《加高扩容工程地质勘察报告》未完成《勘察任务书》中的有关勘探工作内容通过了评审。同时与设计单位、监理单位及施工单位的相互联络欠缺，没有及时恢复因施工破坏的尾矿库在线监测系统；对坝体浸润线长期保持在高水位运行及坝体的最小安全系数不能满足规范要求的病害，未及时进行分析研判和治理，为此次溃坝事故的发生埋下了安全隐患。

（11）大冶市安监局不认真落实黄石市人民政府专题会议纪要工作要求，没有组织专家技术力量查明尾矿库坝体下沉开裂的原因，而是错误地采信三号坝铜铁矿提交的《"3·16"开裂变形影响分析报告》，并作出了错误的行政决定。同时，没有认真落实安全生产监管职责，对三号坝铜铁矿安全监管不到位，对三号坝铜铁矿非法越界开采行为检查督促整改不力，致使三号坝铜铁矿非法越界开采行为长期存在。

（12）大冶市国土资源局没有认真履行国土资源监管职责，没有按照黄石市人民政府专题会议纪要工作要求组织专家技术力量查明尾矿库坝体开裂下沉的原因，而是错误地采信三号坝铜铁矿提交的《"3·16"开裂变形影响分析报告》，并作出了错误的行政决定，致使三号坝铜铁矿违法越界开采行为没有及时发现，并多次审核通过了该矿《采矿许可证》年审和延期，致使三号坝铜铁矿非法越界开采行为长期存在，并对铜绿山铜铁矿尾矿库坝体构成了安全隐患。

（13）黄石市安监局不认真落实黄石市人民政府专题会议纪要工作要求，没有组织专家技术力量查明尾矿库坝体开裂下沉的原因，而是错误地采信三号坝铜铁矿提交的《"3·16"开裂变形影响分析报告》，并作出了错误的行政决定。同时，对三号坝铜铁矿非法越界开采行为检查督促整改不力，致使三号坝铜铁矿非法越界开采行为长期存在。

黄石市国土资源局没有认真落实黄石市人民政府专题会议纪要工作要求，错误地采信三号坝铜铁矿提交的《"3·16"开裂变形影响分析报告》，并作出了错误的行政决定。没有认真履行国土资源监管职责，对三号坝铜铁矿非法越界开采行为没有及时检查发现并依法查处，致使三号坝铜铁矿非法越界开采行为长期存在。

案例 60：2020 年 3 月 17 日，山东省平度市新河镇贾家尾矿库尾矿砂发生坍塌，导致 2 人死亡，直接经济损失约 320 万元。根据平度市"3·17"新河镇贾家尾矿库坍塌事故调查报告，该事故的情况如下：

A 尾矿库基本情况

山东黄金矿业（鑫汇）有限公司贾家尾矿库位于大庄子金矿区北侧，属平地型尾矿库。尾矿库为四面筑坝，原初期坝的坝型为碾压均质土坝，坝顶标高 45.00m，坝高 10.5m（+34.50～+45.00m），相应总库容量为 76.5 万立方米；终期坝顶标高 50.00m，总坝高 15.50m，属四等尾矿库。2015 年 9 月达到使用年限并经省安监局注销了贾家尾矿库安全生产许可证，鑫汇公司停用了贾家尾矿库。为促进尾矿砂资源的再利用，公司于 2016 年 6 月聘请山东省潍坊基础工程公司对贾家尾矿库进行岩土工程勘察并出具了《山东黄金矿业（鑫汇）有限公司岩土工程勘察报告》；于 2017 年 7 月聘请山东黄金集团烟台设计研究工程有限公司进行尾矿库回采工程可行性研究并出具了《山东黄金矿业（鑫汇）有限公司尾矿库回采工程可行性研究报告》；于 2017 年 12 月聘请山东欣鹏安全技术咨询有限公司对尾矿库回采工程进行安全预评价并出具了《山东黄金矿业（鑫汇）有限公司尾矿库回采工程设立安全评价报告》，于 2017 年 12 月 15 日组织专家对尾矿库回采工程设立安全评价报告进行审查形成了审查意见；2018 年 3 月聘请山东黄金集团烟台设计研究工程有限公司对尾矿库回采工程进行安全设施并出具《山东黄金矿业（鑫汇）有限公司尾矿库回采工程安全设施设计》，2018 年 4 月，省安监局审查通过山东黄金矿业（鑫汇）有限公司尾矿库回采工程安全设施设计（工程基建期至 2026 年 5 月 27 日）。省安监局批复后，鑫汇公司逐步完善了坝体外坡面植草护坡、浸润线观测、位移监测、水质监测等设备设施，尚有坝体外坡面横向排水沟及坝脚排水沟未完善。2020 年 2 月 18 日，甲方鑫汇公司依据《山东黄金矿业（鑫汇）有限公司尾矿库回采工程安全设施设计》与乙方骏天成公司签订了《山东黄金矿业（鑫汇）有限公司贾家老尾矿库尾砂出售协议》，协议基本内容：甲方将其所属位于新河镇贾家尾矿库内部分尾砂出售给乙方，乙方要按照山东省安监局审查批准的安全设施设计进行回采施工；乙方权责中包含了回采和运输，回采所需工业场地、村企关系协调、道路运输、水电等均由乙方负责。由于鑫汇公司坝体外坡面横向排水沟及坝脚排水沟工程正在施工，尚未完成，至事故发生时尾矿库回采未开始执行。骏天成公司与陶启松（男，46 岁，自然人，山东省莱州市虎头崖镇神堂村人，平度市新河镇贾家尾矿库西北角修整道路现场负责人）口头探讨过尾矿砂运输装车业务事宜，但未达成尾矿砂运输装车业务书面协议。陶启松为体现业务能力，确保后期顺利得到尾矿砂运输装车业务，在未向骏天成公司明确修路具体时间及方案，未告知鑫汇公司的情况下，擅自安排了两台挖掘机到达贾家村尾矿库西北侧，在尾矿库西北侧修整道路，修整道路期间对北坝体与南侧尾砂结合处进行开挖，作为回车道路使用。修正道路与本身尾矿库回采工作内容无关，鑫汇公司每月（汛期每半月）安排专人对贾家尾矿库巡查一次，至事发前，巡查时未发现贾家尾矿库有施工情况，贾家尾矿库未开展回采活动。

　　B　事故调查及勘验情况

　　2020 年 3 月 20 日，聘请相关专家到新河镇贾家尾矿库进行了现场勘察。贾家尾矿库位于大庄子金矿区北侧，2005 年 1 月由山东黄金集团烟台设计研究工程有限公司设计，属平地型尾矿库，该尾矿库四面筑坝，占地 0.13km²，汇水面积 0.08km²，总库容 180 万立方米，总坝高 23m，坝体呈南高北低、东高西低状态。贾家尾矿库在西侧设有道路连接了部分农田及厂矿企业，该道路非鑫汇公司专属，周边村民及厂矿企业可通行。事发坍塌处位于该尾矿库西北侧坝体与南侧尾矿砂结合处，坍塌位置长度约 10m，进入库内约 7m，深度约 5m，该坍塌处原为放矿积水区，此处多为细砂淤泥。事发现场两台挖掘机均为日本小松山推工程机械有限公司制造的黄色液压挖掘机。程显普（死者）驾驶的挖掘机机型为 PC240LC-8M0，机号 DBBJ7009，2013 年制造，工作质量为 24600kg，发动机功率为 123kW。赵林（死者）驾驶的挖掘机机型为 PC240LC-8，机号 DBBJ4256，发动机功率为 125kW。

　　2019 年 10 月 1 日至 2020 年 3 月 17 日水文资料显示降水量累计 145.8mm；根据 30 年气象资料，1981—2010 年降水资料同期合计值为 68.3mm；2020 年同期降水量较常年同期平均值多 82.4mm；较常年多入库水量约 30101m³，使尾砂面下的水位抬高，浸润线埋深较浅，由于修路处地势较低又靠近排水口，大部分尾砂内的滞留水向该处渗流，该处尾砂含水量较高接近饱和状态；贾家尾矿库坝体呈南高北低、东高西低，该坍塌处原为放矿积水区，此处多为细砂淤泥，由于道路平整期间对该处细尾砂扰动较大，造成坝体内尾砂液化；结论为降水和地质条件是造成本次坍塌的主要原因。

C 事故发生原因及事故性质

（1）直接原因：经过分析，前期降雨量超过往年平均值较大，使尾砂面下的水位抬高，浸润线埋深较浅，由于修路处地势较低又靠近排水口，大部分尾砂内的滞留水向该处渗流，该处尾砂含水量较高接近饱和状态；贾家尾矿库坝体呈南高北低、东高西低，该坍塌处原为放矿积水区，此处多为细砂淤泥，道路平整期间，该处细尾砂扰动较大，导致发生坍塌；《山东黄金矿业（鑫汇）有限公司尾矿库回采工程安全设施设计》要求上坝道路应在尾矿库东北角修筑，采用4级场外道路，陶启松在未告知尾矿库所属单位，未制定作业方案，未对作业环境未进行安全评价、风险分析的情况下，擅自进入尾矿库西北侧违章施工；施工人员安全意识差，在作业区域内休息，未及时撤离至安全地点，造成两挖掘机司机被埋窒息死亡。

（2）间接原因：

1）青岛骏天成新型环保建材有限公司未与陶启松签订相关合同及安全生产管理协议，未对施工方安全生产统一协调、管理，未采取可靠的安全管理措施。

2）山东黄金矿业（鑫汇）有限公司未及时发现贾家尾矿库周边区域存在违章施工现象。

案例61：2020年3月28日13时30分左右，黑龙江省伊春市伊春鹿鸣矿业有限公司（以下简称鹿鸣矿业）尾矿库发生泄漏，造成铁力市第一水厂停止取水，伊春市、绥化市境内部分河段、农田及林地污染。鹿鸣矿业尾矿库是鹿鸣矿业贮存尾矿的设施，尾矿主要成分为粒度0.074mm（200目）以下的尾砂和水的混合物。尾矿库位于其选矿厂东侧1km处，周边为小兴安岭林区，水系丰富，下游距离依吉密河5km，依吉密河流经115km汇入呼兰河，呼兰河流经295km汇入松花江。依吉密河为铁力市第一水厂饮用水水源地。

尾矿库采用上游法尾矿筑坝，设计总坝高198m，总库容42900万立方米，事发时总坝高71m，堆存尾矿6400万立方米。排洪系统为排水井（钢筋混凝土框架式井架+拱板+竖井）—隧洞（支隧洞+主隧洞）型式，事发时共有10座排水井（1~10号），其中1号和2号排水井已封井，3号和4号排水井在用。在用排水井安装了视频监控系统，事发时3号排水井视频监控系统正常，4号排水井视频监控系统2020年3月7日损坏未修复。

经专家核算，此次事件中尾矿库泄漏232~245万立方米尾矿（砂水混合物）。泄漏钼总量89.39~117.53t，其中砂相中87~115t，水相中2.39~2.53t。事件造成依吉密河至呼兰河约340km河道钼浓度超标，其中依吉密河河道约

115km，呼兰河河道约 225km。3 月 29 日 21 时 30 分，铁力市第一水厂（依吉密河水源地）受事件影响停止取水，启用备用水源和临时供水，至 5 月 3 日由铁力市第三水厂替代供水，其间约 6.8 万人用水因减压供水等受到一定影响。依吉密河沿岸部分林地受到一定程度污染。依吉密河及呼兰河沿线 3km 范围内农村饮用水地下水源未发现钼浓度超标现象。此次事件黑龙江省二级应急响应阶段共造成直接经济损失 4420.45 万元，主要包括应急工程费、应急监测费、行政支出费、应急防护费、财产损害费等。其中，财产损害费用 1025.77 万元。

A　事件发生及污染经过

2020 年 3 月 28 日 13 时 30 分左右，鹿鸣矿业发现尾矿库排水隧洞发生尾矿泄漏。13 时 40 分，下达停产指令并开展泄漏排查。15 时，启动应急预案，组织开展救援。15 时 03 分，发现 4 号排水井井架发生倾斜。15 时 45 分，通知鹿鸣林场组织 14 户 26 人全部撤离。18 时 30 分，发现 4 号排水井井架倒塌，事件未造成人员伤亡。22 时 19 分，伊春市生态环境局向黑龙江省生态环境厅报告事件发生情况。

3 月 29 日 18 时，依吉密河入呼兰河交汇口下游 10km 处（距离事发点 125km）出现钼浓度超标，至 4 月 6 日 5 时达标，其间最高超标约 9 倍。21 时 30 分，铁力市第一水厂受事件影响停止供水。4 月 10 日 10 时，距离事发点 340km 处兰西老桥出现钼浓度超标，至 4 月 11 日 3 时达标，其间最高超标 0.14 倍。兰西老桥下游 50km、55km、65km 处未出现钼浓度超标。

4 月 11 日 14 时，依吉密河、呼兰河全线稳定达标。18 日 18 时，黑龙江省人民政府解除二级应急响应。

B　事件发生直接原因

经现场调查取证和检测分析论证，鹿鸣矿业尾矿库 4 号排水井拱板和井架工程质量达不到设计和施工规范要求，拱板发生结构破坏导致尾矿泄漏，井架在不平衡尾矿、水和冰块的压力作用下倒塌，进而导致尾矿经排水隧洞大量泄漏，是造成事件发生的直接原因。

（1）排水井倒塌损毁情况：4 号排水井井架高 21m，由 6 个尺寸相同且对称布置的立柱和 7 层圈梁构成，两层圈梁之间间隔 3m。事发时井架淹没高度为 13.63m，安装拱板约 300 块。4 号排水井井架破坏倒塌后，经竖井、支隧洞、主隧洞冲出，大量井架和拱板残骸在泥浆水位消退后被收集取证。

（2）拱板质量问题：经检测，4 号排水井拱板实际尺寸混乱，所检测的 9 块拱板厚度在 140～156mm，高度在 305～333mm，与设计尺寸（厚度×高度 = 100mm×150mm）严重不符；拱板中的钢筋保护层厚度过大（设计 15mm，实际 17～80mm），箍筋间距达不到设计要求；拱板表面不平整；拱板与立柱间填缝砂浆不密实，导致拱板两端固定不牢，未形成双铰拱受力状态。

（3）井架质量问题：经检测，排水井井架质量达不到设计及施工规范要求。圈梁的实际高度比设计小50mm（设计350mm），内部缺筋少筋，钢筋数量多为4根及以下（设计为6根）。圈梁、立柱的钢筋普遍不在设计位置，钢筋保护层厚度达不到设计要求，箍筋间距普遍偏大，钢筋与箍筋焊口不饱满，焊接长度偏小。混凝土构件内部存在裂缝、破碎现象。

还有20世纪末，河南嵩县前河金矿尾矿库、河北金厂峪尾矿库、陕西黄龙金矿小篆沟尾矿库的排水井（个别采用砖砌）因长期风化侵蚀导致结构松散而坍塌破坏，造成大量尾矿浆泄漏淹没工业场地及厂区公路等。2012年6月，山东有两座矿山尾矿库因堆积坝外坡陡、干滩长度短，受连续降雨、库内水位上升的影响，坝体浸润线高导致堆积坝坝体渗流滑坡。江西于都下山背尾矿库因截洪沟垮塌，洪水入库溃坝；广东韶关大宝山铁矿槽对坑尾矿库、湖北大冶桃花咀金矿尾矿库是由不均匀放矿坝肩渗透破坏导致坝端决口溃坝；广东连平大尖山矿3号尾矿库因排洪结构破坏，造成尾矿外泄污染事故；湖南株洲潘家冲铅锌矿1号尾矿库在排洪井顶盖板封堵，使井筒结构拱板、立柱、盖板发生破坏时，大量尾矿外泄；辽宁营口五龙金矿尾矿库在尾矿库建设时未按设计施工4号井，故在3号井使用中途，在井部中间另安装排洪管铺设尾矿滩面，管道受荷载后断裂，大量尾矿外泄，造成特别重大环保污染事故；广西大厂矿务局长坡选厂七级尾矿库的斜槽盖板 $B \times H = 18 \mathrm{cm} \times 20 \mathrm{cm}$，上部为构造钢筋，侧向放置后抗弯强度下降50%；广西大厂矿务局车河选厂灰岭尾矿库因排洪井拱板两端未用水泥砂浆封堵，拱板受力状态由拱变为梁，强度大幅下降，拱板断裂破坏；河南栾川洛钼集团二公司炉场沟尾矿库用爆破法处理排洪井四周冰冻，使排洪井拱板、立柱破坏。2008年5月12日14时28分，四川省汶川县发生8.0级强烈地震，震中最大烈度达11度。据统计，受四川地震影响，四川省4座尾矿库受损，四川米易县安宁铁钛尾矿库溢洪洞盖板产生裂纹、裂缝，所幸此次地震没有引起较大的尾矿库次生灾害。四川汶川大地震波及陕西省汉中市略阳县等邻近地区，仅在略阳县地震就造成33座尾矿库不同程度受损，其中比较严重的有7座。煎茶岭原华澳公司黄家沟尾矿库子坝发生溃坝（约3万立方米尾砂下泄），小汉钢木瓜岭尾矿旧库子坝出现裂缝、新库基础坝出现移位现象，鑫峰何家岩铁矿尾矿库子坝、宏源公司尾矿库排洪沟出现明显裂缝，风华公司大坝尾矿库子坝移位下沉，险情较为严重。另外，甘肃有26座尾矿坝受损，甘肃省陇南市是省内有色金属的重要产区，有色行业企业有成县润丰公司、甘肃矿冶集团公司小厂坝铅锌矿、成州锌冶炼厂、白银公司厂坝铅锌矿、省有色地勘局106队选矿，这些企业大都是矿山企业，建有尾矿库，目前陇南市成县有一座尾矿坝坝体发生严重崩裂，部分企业的尾矿库产生裂纹、一些生产厂房及设备设施破坏受损严重。2005年江西九江地区瑞昌地震（5.7级）江西铜业股份有限公司武山铜矿2003年尾矿库扩容时建设的两座尾矿坝，其中 2 号坝为浆砌石重力坝，震后大坝裂缝纵、横缝交错，而 1 号主坝是机械碾压堆石坝并且还是构建在赤湖湖湾深厚淤泥层上（最大淤泥层厚 14m）居然安然无恙。

2.2 美国的尾矿库溃坝事故

美国的尾矿库溃坝的主要因素与地震引起的土颗粒液化有关，也有部分尾矿库因漫顶和渗流而使坝体失稳。美国的尾矿库的部分溃坝事故见表 2-2。

表 2-2 美国的尾矿库溃坝事故统计

序号	位置	日期 (年-月-日)	矿类	筑坝方式	坝高/m	原因
1	Add phil dam	1941	—	—	—	—
2	Southern Clay, Tennessee	1989	黏土	—	5	渗流
3	Stancil, Maryland	1989	Sand	上游法	9	坝体失稳
4	Montana Tunnels, MT, Pegasus Gold	1987	金	下游法	33	—
5	Spring Creek Plant, Borger, Texas	1986	Sand	—	5	漫顶
6	Olinghouse, Nevada	1985	金	—	5	渗流
7	Grey Eagle, California	1983	金	下游法	—	—
8	Royster, Florida	1982	石膏	上游法	21	地基问题
9	Kyanite Mining, Virginia	1980	钾、蓝晶石	—	11	漫顶
10	Unidentified, Idaho	1976	磷	下游法	34	坝体失稳
11	Mike Horse, Montana, Asarco	1975	铅锌	上游法	18	漫顶
12	Dresser No.4, Montana	1975	重晶石	中线法	15	地基问题
13	Keystone Mine, Crested Butte, Colorado	1975	钼	—	—	—
14	Unidentified, Green River, Wyoming	1975	天然碱	—	18	—
15	Earth Resources, N M	1973	铜	上游法	21	漫顶
16	Galena Mine, Idaho, ASARCO	1972	银铅	上游法	14	侵蚀
17	Western Nuclear, Jeffrey City, Wyoming	1971	铀	—	—	结构性问题
18	Monsanto Dike 15, TN	1969	磷	—	—	—
19	Unidentified, Texas	1966	石膏	上游法	16	渗流
20	Gypsum Tailings Dam (Texas)	1966	石膏	—	11	渗流
21	American Cyanamid, Florida	1965	磷	—	—	—
22	American Cyanamid, Florida	1962	石膏	—	—	—
23	Mobil Chemical, Fort Meade, Florida	1967-03	磷	—	—	—

序号	位置	日期 (年-月-日)	矿类	筑坝方式	坝高/m	原因
24	Climax, Colorado, Mill (Climax Molybdenum Co)	1967-07-02	钼	—	—	—
25	Cities Service, Fort Meade, Florida	1971-12-03	磷	—	—	—
26	Buffalo Creek, West Virginia, Pittson Coal Co.	1972-02-26	煤	—	—	—
27	Ray Mine, Arizona	1972-12-02	铜	上游法	52	坝体失稳
28	Silver King, Idaho	1974-01-16	银	下游法	9	漫顶
29	Deneen Mica Yancey County, North Carolina	1974-06	云母	上游法	18	坝体失稳
30	Carr Fork, Utah, Anaconda	1975-02	铜金	—	10	结构性问题
31	Silverton, Colorado	1975-06	金银	—	—	—
32	Cadet No.2, Montana	1975-09	重晶石	中线法	21	坝体失稳
33	Kerr-McGee, Churchrock, New Mexico	1976-04	铀	—	9	地基问题
34	Grants, Milan, New Mexico, Homestake Mining	1977-02	铀	上游法	21	结构性问题
35	Madison, Missouri	1977-02-28	铅	—	11	漫顶
36	Churchrock, New Mexico, United Nuclear	1979-07-16	铀	—	11	地基问题
37	Sweeney Tailings Dam, Longmont, Colorado	1980-05	Sand	—	7	渗流
38	Tyrone, New Mexico	1980-10	铜	—	—	漫顶溃坝
39	Dixie Mine, Colorado	1981-04	金	—	—	—
40	Ages, Harlan County, Kentucky	1981-12-18	煤	—	—	—
41	Golden Sunlight, MT	1983-01-05	金	中线法	—	—
42	Texasgulf 4B Pond, Beaufort, Co., North Carolina	1984-04	磷	—	8	坝体失稳
43	La Belle, Pennsylvania	1985-07-17	煤	下游法	79	地基问题
44	Bonsal, North Carolina	1986-08-17	Sand	—	6	漫顶
45	Marianna Mine #58	1986-11-19	煤	上游法	37	坝体失稳
46	Montcoal No.7, Raleigh County, West Virginia	1987-04-08	煤	—	—	—
47	Consolidated Coal No.1, Tennessee	1988-01-19	煤	下游法	85	结构性问题
48	Unidentified, Hernando, County, Florida	1988-09	石灰石	上游法	12	漫顶
49	Silver King, Idaho	1989-08-05	银铅	下游法	9	漫顶

序号	位置	日期 (年-月-日)	矿类	筑坝 方式	坝高/m	原因
50	Soda Lake, California	1989-10-17	钠	上游法	3	地震
51	Brewer Gold Mine Jefferson South Carolina	1990-11-01	金	—	—	—
52	Gibsonton, Florida Cargill	1993-10	磷	—	—	—
53	Fort Meade, Florida, Cargill phosphate	1994-01	磷	—	—	—
54	IMC-Agrico Phosphate, Florida	1994-06	磷	—	—	渗流
55	Fort Meade Phosphate, Florida	1994-10	磷	—	—	渗流
56	Payne Creek Mine, Polk County, Florida	1994-10-02	磷	—	—	—
57	Hopewell Mine, Hillsborough County, Florida	1994-11-19	磷	—	—	—
58	Pinto Valley, Arizona	1997-10-22	铜	—	—	坝体失稳
59	Mulberry Phosphate, Polk County, Florida	1997-12-07	磷	—	—	渗流
60	Red Mountain	1999-06-05	金银	—	—	渗流
61	Inez, Martin County, Kentucky	2000-10-11	煤	—	—	—
62	Riverview, Florida	2004-09-05	磷	—	—	—
63	Bangs Lake, Jackson County, Mississippi	2005-04-14	磷	—	—	—
64	Kingston fossil plant, Harriman, Tennessee	2008-11-22	煤	—	—	—
65	Gold King Mine, near Silverton, Colorado	2015-08-05	金	—	—	结构性问题

美国的部分典型尾矿库溃坝事故案例如下所示。

案例1：1972年，美国布法罗河矿尾矿因漫顶导致溃坝，造成125人死亡。事故直接原因是未设溢洪道，原有泄水管的泄水能力无法抵挡洪水漫顶。该库未建立尾矿库水位监测系统，无法对降雨量和尾矿库水位进行实时、动态监测，以至于库水位超限未进行及时预警，最终导致了事故的发生。

案例2：1975年6月，美国科罗拉多州Silverton，尾矿库溃坝，流失11.6万立方米尾矿，污染河流长达160km（Animas river），造成严重的财产损失。

案例3：1980年，美国新墨西哥州泰隆，菲尔普斯道奇公司尾矿库发生溃坝，坝墙高度迅速增加，使坝内部孔隙压力增加，使坝墙发生溃坝。造成两百万立方尾矿流入下游8km，并淹没大量农田。

案例4：1981年12月18日，美国Kentucky，Harlan County，Ages尾矿库因暴雨使得水位上升导致溃坝，流失9.6万立方米尾矿，30户人家受损，1人死亡，造成附近河内生物死亡。

案例5：1985年，美国Nevada，Wadsworth，Olinghouse，尾矿库因洪水漫顶

导致溃坝，流失 25000m³ 尾矿，波及下游 1.5km，由于施工期间工程监督未到位，导致尾矿库坝体未压实（最大干密度小于 80%），进一步使得坝体饱和液化发生崩塌，造成尾矿库溃坝。

案例 6：1987 年 4 月 8 日，美国 West Virginia，Raleigh County，Montcoal No. 7，尾矿库因溢洪道管道设计不当导致溃坝，排出 87000m³ 矿浆，影响范围达 80km。

案例 7：1988 年 1 月 19 日，美国 TN，Grays Creek，Tennessee Consolidated No. 1，尾矿库因一废弃出水管造成坝体内部侵蚀，导致溃坝，流失 25 万立方米尾矿。

案例 8：1994 年 10 月 2 日，美国 Florida，Polk county，Payne Creek Mine 尾矿库溃坝，排出 680 万立方米废水，其中 50 万立方米排入河流中（Hickey Branch）。

案例 9：1997 年 10 月 22 日，美国 Arizona，Pinto Valley 尾矿库因尾矿坝边坡失稳导致溃坝，流失 23 万立方米尾矿，波及范围达 16 公顷。

案例 10：1997 年 12 月 7 日，美国 Florida，Polk County，Mulberry Phosphate 由于磷质黏土和泥在出水口金属管道中的累积及腐蚀最后引起尾矿坝内部侵蚀，导致尾矿库溃坝，流失 20 万立方米尾矿，严重污染河流（Alafia River）。

案例 11：2005 年 4 月 14 日，美国 Mississippi，Jackson County Bangs Lake 尾矿库因排放尾砂速度过快导致坝体失稳溃坝，64350m³ 尾矿流进沼泽地导致大量植物死亡。

案例 12：2008 年 11 月 22 日，美国 Kingston fossil plant 尾矿库事故，流失 $5.4×10^6$ m³ 尾矿，波及范围达 1.6km²，在降雨期间温度变化使得其下方边坡滑落造成的尾矿库溃坝。当尾矿库堤坝破裂时，尾矿坝剧烈破坏滑动持续大约 1min，然后是持续一个小时的较小连续断裂和滑动。根据环境保护署最初估计，此次溃坝共释放了 $1.3×10^6$ m³ 的污泥。污泥覆盖了周围土地高达 1.8m，破坏了 12 所房屋，冲毁了一条道路和一条铁路线，并对河流造成污染，事件发生后，田纳西河和其他地区的支流都有大量死鱼。

2.3 智利的尾矿库溃坝事故

地震液化导致尾矿库溃坝占美洲总事故的 40% 左右，如 1965 年 3 月 28 日智利发生 7.25 级强地震，几乎在同一时间内地震液化导致十几座尾矿库坝体失事，智利（南美洲）正处高发地震带，所处太平洋沿岸为冬季寒流（寒流作用为降温减湿），地震对智利尾矿库稳定性影响较大，而降雨对智利尾矿库稳定性影响较小。智利的尾矿库的部分溃坝事故见表 2-3。

表2-3 智利尾矿库溃坝事故统计

序号	位置	日期 (年-月-日)	矿类	筑坝 方式	坝高/m	原因
1	Barahana	1928	—	—	—	—
2	Cerro Negro No. (1 of 5) #14	1965	铜	上游法	46	地震
3	Cerro Negro No. (2 of 5) #15	1965	铜	上游法	46	地震
4	Cerro Negro No. (3 of 5) #16	1965	铜	上游法	20	地震
5	El Cobre Small Dam-El Soldado #17	1965	铜	上游法	26	地震
6	El Cobre Old Dam	1965-03-28	铜	上游法	35	地震
7	El Cobre New Dam #2	1965-03-28	铜	下游法	19	地震
8	Bellavista, #3	1965-03-28	铜	上游法	20	地震
9	Cerro Blanco de Polpaico, #4	1965-03-28	石灰石	—	9	地震
10	El Cerrado, #5	1965-03-28	铜	上游法	25	地震
11	Hierro Viejo, #6	1965-03-28	铜	上游法	5	地震
12	La Patagua New Dam, #6	1965-03-28	铜	上游法	15	地震
13	Los Maquis No.1, #7	1965-03-28	铜	上游法	15	地震
14	Los Maquis No.3, #8	1965-03-28	铜	上游法	15	地震
15	Ramayana No.1, #9	1965-03-28	铜	上游法	5	地震
16	Sauce No.1, #10	1965-03-28	铜	上游法	6	地震
17	Sauce No.2, #11	1965-03-28	铜	上游法	5	地震
18	Sauce No.3, #12	1965-03-28	铜	上游法	5	地震
19	Sauce No.4, #13	1965-03-28	铜	上游法	5	地震
20	Marga, Sewell, Ⅵ Region, Rancagua, El Teniente (Codelco)	1980-05-06	铜	—	—	漫顶
21	Arena, Sewell, Ⅵ Region, Rancagua, El Teniente (Codelco)	1980-05-06	铜	—	—	漫顶
22	Veta de Agua 1	1983-03-03	铜	—	—	地震
23	The Cerro Negro Ⅳ	1983-03-03	铜	—	—	地震
24	El Porco, Bolivia	1996-08-29	铅锌	—	—	—
25	Algarrobo, Ⅳ Region, Vallenar	1997-10-14	铁	上游法	18	地震
26	Algarrobo, Ⅳ Region, Vallenar	1997-10-14	铁	上游法	20	地震
27	Maitén, Ⅳ Region, Vallenar	1997-10-14	—	上游法	15	地震
28	Tranque Antiguo Planta La Cocinera, Ⅳ Region, Vallenar	1997-10-14	—	上游法/ 中线法	30	地震

序号	位置	日期 (年-月-日)	矿类	筑坝 方式	坝高/m	原因
29	El Cobre, Chile, 2, 3, 4, 5 (Exxon)	2002-09-22	铜	上游法	—	漫顶
30	El Cobre, Chile-El Soldado (Exxon)	2002-11-08	铜	上游法	—	漫顶
31	Cerro Negro, near Santiago, (5 of 5)	2003-10-03	铜	上游法	—	侵蚀
32	Tranque Adosado Planta Alhué, Alhué, Region Metropolitana	2010-02-27	—	下游法	15	地震
33	Las Palmas, Pencahue, Ⅷ Region, Maule, (COMINOR)	2010-02-27	—	—	15	地震
34	Tranque Planta Chacón, Cachapoal, Ⅵ Region, Rancagua	2010-02-27	—	—		地震
35	Veta del Agua Tranque No.5, Nogales, valparaíso	2010-02-27	铜	上游法	—	地震
36	Tranque Adosado Planta Alhué, Alhué, Region Metropolitana	2010-02-27	—	上游法	—	地震

智利的部分典型尾矿库溃坝案例如下所示。

案例 1：1965 年 3 月 28 日，由于圣地亚哥以北 140km 处，发生 7.25 级强地震，致使智利埃尔、得布雷等 12 座尾矿库尾矿坝瞬间液化溃坝。事故的直接原因是地震液化，导致坝体溃决。12 座尾矿坝坝高 5 ~ 35m、坡度 1:(1.43 ~ 1.75)，其中有一座坝高 15m、坡度 1:3.37。这些坝的共同特点是坝坡过陡，尾砂过细（-0.074mm（-200 目）占 90%），浸润线较高，其中尾矿流失最多的达 $1.9 \times 10^6 m^3$。失事时尾矿浆冲出决口到对面山坡上，水头高达 8m 以上，短时间内泥浆流下泄 12km，造成 270 人死亡，此次事故是世界尾矿事故史上最严重的一次灾难性事故。

案例 2：1983 年 3 月 3 日，智利 Veta 德阿瓜 1 号和智利 Cerro 内格罗四号尾矿库在地震期间液化导致坝墙坍塌，其尾矿分别流入下游 5km 和 8km，造成当地严重环境污染。

案例 3：1996 年 8 月 29 日，El Porco, Bolivia 尾矿库溃坝，下泄 40 万吨尾矿，污染下游河流 300km。

案例 4：2003 年 10 月 3 日，智利 Quinta region, Petorca prov., Cerro Negro 尾矿坝在 M7-7 级地震中，由于上游式的尾矿坝禁受不住强烈的震动，尾矿坝在 1 ~ 2min 内，其内部液化并开始破坏坝面形成决口使得尾矿库发生溃坝事故，此次溃坝事故流失 5 万吨尾矿，并污染河流 20km。尾矿坝流滑仅在智利地震中出现，虽影响范围、震害程度不及其他两类流滑震害，但仍需引起我国工程技术人员的重视。智利地震对 7 个大型尾矿坝和 50 多个中小尾矿坝造成影响，虽大型尾矿坝没有发生严重的地震破坏，但调查发现有 5 个采用上游法建造的尾矿坝受到了不同程度的地震破坏：Chancon 坝、BellavistaF1 号坝、VetaFdelFAguaF5 号坝、AlhuiFF 坝和 Las Palmas 坝，其中 Las Palmas 尾矿坝发生了严重的流滑破坏。液化残渣流入下游约 400m，污染了当地环境，并导致 4 人死亡。

Ramon Verdugo 等人对 Las Palmas 尾矿坝流滑机理进行了分析，发现由于尾矿材料中粉土粒径较小，细小的颗粒物降低了材料的渗透系数，在地震作用下尾矿坝发生液化，填料较低的渗透性造成高孔压状态持续较长时间，导致了拉斯帕尔马斯尾矿坝的流滑破坏。Las Palmas 尾矿坝是由上游法进行建造施工，震后智利已强制要求所有尾矿坝不得采用上游法施工。

2.4　加拿大的尾矿库溃坝事故

加拿大因受西风影响，大部分地区属大陆性温带针叶林气候。东部气温稍低，南部气候适中，西部气候温和湿润，北部为寒带苔原气候，北极群岛终年严寒，该地区地震频率小。漫顶与渗流导致的尾矿库溃坝事件较多，而地震导致的溃坝事件则较少。加拿大的尾矿库的部分溃坝事故见表 2-4。

表 2-4　加拿大尾矿库溃坝事故统计

序号	位置	日期 （年-月-日）	矿类	筑坝方式	坝高/m	原因
1	Quintette, MaĔmot, BC	1985	煤	—	—	—
2	Unidentified, British Columbia	1979	—	—	—	地基问题
3	Incident No. 1, Elliot, Ontario	1979	铀	—	9	—
4	Syncrude, Alberta	1978	油砂	中线法	—	地基问题
5	PCS Rocanville, Saskatchewan	1975	钾	上游法	12	—
6	Pinchi Lake, BC	1971	汞	—	13	侵蚀
7	IMC K-2, Saskatchewan	1968	钾	上游法	30	—
8	Phoenix Copper, BC	1969-09-12	铜	上游法	—	渗流
9	Churchill Copper, BC	1979-12-01	铜	—	—	渗流
10	Mineral King, BC	1986-03-20	铅、锌	中线法	6	漫顶
11	Matachewan Mines, Kirtland Lake, Ontario	1990-10-17	铀	—	—	—
12	Iron Dyke, Sullivan Mine, Kimberley, BC	1991-08-23	铅、锌	上游法	21	坝体失稳
13	Pinchi Lake, BC	2004-11-30	汞	—	12	侵蚀

序号	位置	日期 (年-月-日)	矿类	筑坝 方式	坝高/m	原因
14	Hudson Bay (HB) Mine, Salmo, British Columbia	2012-07-11	铅、锌	—	—	渗流
15	Gullbridge Mine Newfoundland	2012-12-17	铜	下游法	7	坝体失稳
16	Casa Berardi Mine, La Sarre, Abitibi region, Quebec	2013-05	金	—	—	漫顶
17	Obed Mountain Coal Mine Alberta	2013-10-31	煤			
18	Imperial Metals, Mount Polley, British Columbia	2014-08-04	铜、金	中线法	40	地基问题
19	Yellow Giant Mine, Banks Island, British Columbia	2015-06-25	金	—	—	结构性问题

加拿大部分典型尾矿库溃坝案例如下所示。

案例 1：1991 年 8 月 23 日，加拿大 British Columbia，Kimberley Sullivan Mine 尾矿库因矿坝的提高造成液化导致溃坝，流失将近 7.5 万立方米的尾矿。

案例 2：2004 年 11 月 30 日，加拿大 British Columbia，Pinchi Lake 尾矿库在坝体加高过程中尾矿库失稳溃坝流失 6000~8000m^3 的尾矿，波及范围达 55km^2，严重污染水源。

案例 3：2012 年 12 月 17 日，加拿大 Gullbridge Mine Newfoundland 尾矿库溃坝。12 月 17 日星期一早上 7 点 45 分，位于纽芬兰中部的前 Gullbridge 铜矿的尾矿坝发生了垮塌，当时正在进行维护工作。这次破坏导致 7m 高、约 25m 宽的尾矿坝决口。由于溃坝，水在接下来的几个小时里完全排干，少量的尾砂逸出，少量尾矿库水继续从缺口流出。裂口距离南溪约 500m，南溪是南溪社区的饮用水来源。南江镇的取水点位于决口下游约 26km 处，尾矿库的大部分水可能进入了南溪，逸出的尾矿大多位于距大坝 100m 以内，到达南溪的尾矿库数量较少。

案例 4：2014 年 8 月 4 日，加拿大 British Columbia，near Likely，Mount Polley 尾矿坝由于未考虑冰层导致坝基底部冰湖层溃塌从而溃坝，约 1700 万立方米的废水及 800 万立方米的尾矿被排入湖中，如图 2-11 所示。2014 年 8 月 3 日至 4 日晚，不列颠哥伦比亚省内陆的铜金矿波利山矿（Mount Polley Mine）的尾矿库失稳。在接下来的 16 个小时里，溃坝导致大坝周岸逐渐决口，超过 2100 万立方米的水和矿渣流入周围环境和水道。专家组得出结论，失败的主要原因在于设计。该设计没有考虑到与周堤基础相关的冰下和冰前地质环境的复杂性。因此，地基调查和相关的现场表征未能在裂口附近识别出一个连续的 GLU 层，也未能认识到在与路堤相关的应力作用下，该层容易发生不排水破坏。破坏的具体原因是在水平方向1.3，垂直方向1.0的陡坡下建设下游堆石区。如果近年来下游的斜坡被夷平到水平2.0到垂直1.0，如最初的设计所建议的那样，就可以避免破坏。事故发生时，该斜坡正在被夷为平地，以满足其最终设计标准。

图2-11 Mount Polley 尾矿坝溃坝事故

2.5 菲律宾的尾矿库溃坝事故

菲律宾属季风型热带雨林气候，高温、多雨、湿度大、台风多。年平均气温约27℃，年平均降水量大部分地区在2000～3000mm。南部地区也终年多雨，无明显旱、雨季之分。东部的太平洋面是台风发源地，每年6～11月多台风，导致菲律宾地区尾矿库溃坝失事集中在夏季，且多为漫顶导致溃坝。菲律宾的尾矿库的部分溃坝事故见表2-5。

表2-5 菲律宾尾矿库溃坝事故统计

序号	位置	日期 (年-月-日)	矿类	筑坝方式	坝高/m	原因
1	Sipalay，No. 3 Tailings Pond（Maricalum Mining Corp）	1982-11-08	铜	—	—	地基问题
2	Mankayan District，Luzon，No. 3 Tailings Pond（Benguet Corp subsidiary Lepanto Con Mining Co）	1986-10-17	铜、金	—	—	结构性问题

序号	位置	日期 (年-月-日)	矿类	筑坝方式	坝高/m	原因
3	Tubu, Benguet, No.2 Tailings Pond, Luzon, (Philex)	1992-01-02	铜	—	—	地基问题
4	Itogon-Suyoc, Baguio gold district, Luzon	1993-06-26	金、银	—	—	漫顶
5	Marcopper, Marinduque Island, Mogpog	1993-12-06	铜	—	—	—
6	Surigao del Norte Placer, (Manila Mining Corp)	1995-09-02	金	—	17	地基问题
7	Negros Occidental, Bulawan Mine Sipalay River	1995-12-08	金	—	—	—
8	Marcopper, Marinduque Island	1996-03-24	铜	—	—	结构性问题
9	Zamboanga Del Norte, Sibutad Gold Project	1997-11-06	金	—	—	漫顶
10	Zamboanga Del Norte, Sibutad Gold Project	1998-06-27	金	—	—	漫顶
11	Surigao Del Norte Placer, (Manila Mining Corp)	1999-04-26	金	—	—	—
12	Toledo City, (Atlas Con Mining Corp)	1999-08-09	铜	—	—	结构性问题
13	San Marcelino Zambales	2002-08-27	铜、金	—	—	漫顶
14	San Marcelino Zambales	2002-09-11	铜、金	—	—	漫顶
15	Padcal No 3, Benquet	2012-08-01	铜	—	—	漫顶

菲律宾部分典型尾矿库溃坝案例如下所示。

案例1：1992年1月，菲律宾 Luzon，Padcal，No.2 Tailing Pond 尾矿库溃坝，导致8000t尾砂排出。

案例2：1996年3月24日，菲律宾 Marinduque Island，Marcopper 尾矿库因其中一条2250m长的排渗管破坏导致溃坝，尾砂流量处于5~10m³/s，此次泄露持续4天，并污染河流（Makulapnit）将近1.8km，直接经济损失8千万美元。

案例3：2002年8月27日~9月11日，菲律宾 Zambales，San Marcelino 尾矿库因溢洪道能力不足导致溃坝，紧急撤离250户人家，无人员伤亡，下泄尾矿流入湖中造成严重污染。

2.6　巴西的尾矿库溃坝事故

巴西尾矿库溃坝事故多为降雨所致，如2019年1月淡水河谷 Córrego do Feijão 铁矿石矿 B-Ⅰ号尾矿坝的溃决是坝体尾矿液化导致的。该尾矿坝顶垮塌，坝趾上方坝体向外隆起。坝坡在不到10s内崩塌，970万立方米（占所存储尾矿的 75%）尾矿在不到 5min 内流出。坝体材料突然丧失强度，迅速变成重质液体，以极高的速度涌至下游。基于上述特征，溃坝显然是坝体内部材料静态液化的结果。突发的强度丧失表明坝体材料脆性较大。此次溃坝比较特殊，溃坝前没有明显破坏迹象。溃坝 7 天前，无人机进行了监控，高质量视频未显示破坏迹象。同时，该尾矿坝采用的大量监测手段，如坝顶监测、监测坝体变形的测斜仪、地面雷达等，都未检测到明显变形或异常。溃坝后的卫星图像分析表明，溃坝前一年坝面出现缓慢并且连续的小幅向下形变，年形变幅度小于 36mm，仅在雨季出现加速形变。溃坝前 12 个月坝体下部测得的水平形变为 10~30mm。这些缓慢形变与尾矿坝的长期沉降规律一致，并不是溃坝的先兆。

因此，专家组针对坝体材料的组成和溃坝触发机制进行研究，发现 6 个技术问题是导致溃坝的主要因素：

（1）尾矿坝上游坡度过陡；

（2）尾矿库水位控制不当，库水位有时接近坝顶，导致不稳定的尾矿沉积在坝顶；

（3）设计不合理导致尾矿坝中低强度的细尾矿承受了坡面上部质量；

（4）坝体没有设置大型排水设施，导致浸润线过高，尤其是坝趾附近；

（5）尾矿中铁含量高，导致尾矿密度大，颗粒之间形成黏结。这种黏结而成的坚硬尾矿颗粒在排水不畅时脆性较大；

（6）高强度的区域性雨季降水导致尾矿粒间吸着力显著下降，进而造成高于库水位的非饱和尾矿强度小幅降低。

专家组认为，上述历史原因造成了该尾矿坝主要由松散、饱和、密度大，下游坡面承受较高水平的剪切应力，导致坝体处在临界稳定状态。实验室试验表明，触发尾矿强度丧失的应变量非常小，尤其是在尾矿本身强度不高的情况下，这些因素可能造成尾矿液化。

2016 年 7 月，该尾矿坝停止继续堆放后，降雨多年持续增加。2018 年年底强降雨使得非饱和尾矿吸着力减小从而强度降低，加上坝体尾矿料蠕变，导致尾矿突然丧失强度，临界稳定的坝体最终溃决。巴西的尾矿库的部分溃坝事故见表 2-6。

表 2-6 巴西尾矿库溃坝事故统计

序号	位置	日期 (年-月-日)	矿类	筑坝 方式	坝高/m	原因
1	Itabirito, Minas Gerais	1986-05	铁	—	30	结构性问题
2	Pico de Sao Luis, Gerais	1986-10-02	铁		20	侵蚀
3	Minera Sera Grande; Crixas, Goias	1994-02	金	上游法	41	坝体失稳
4	Sebastião das Águas Claras, Nova Lima district	2001-06-22	铁	—	—	—

序号	位置	日期 (年-月-日)	矿类	筑坝 方式	坝高/m	原因
5	Mineracao Rio Pomba Cataguases, Mirai, Minas Gerais	2003	铝	—	—	—
6	Mineracao Rio Pomba Cataguases, Mirai, Minas Gerais	2006-03	铝	—	—	—
7	Mineracao Rio Pomba Cataguases, Mirai, Minas Gerais	2007-01-10	铝	—	—	漫顶
8	Herculano Iron Mine, Itabirite, Minas Gerais	2014-09-10	铁	—	—	—
9	Fundao-Santarem, Minas Gerais	2015-11-05	铁	上游法	90	结构性问题
10	Minas Gerais, Corrego do Feijão	2019-01-25	铁	上游法	86	坝体失稳

巴西部分典型尾矿库溃坝案例如下所示。

案例1: 2001 年 6 月 22 日, 巴西 Minas Gerais, Nova Lima district, Sebastião das Águas Claras 尾矿库溃坝, 影响下游长达6km, 造成至少 2 人死亡, 3 人失踪, 尾矿被储存在一个已开采的露天矿坑中。尾砂流在 Córrego Taquaras 溪流下游约 8km 处行进, 泥浆影响了 0.3km² 的面积, 中断了圣塞巴斯蒂昂达斯阿瓜斯克拉拉斯的主要通道, 并流入了一个自然保护区。

案例2: 2015 年 11 月 5 日, 巴西 Fundao—Santarem 铁矿尾矿库, 由于排水不足, 在小型地震时触发本身已接近饱和的超高坝体液化溃坝, 约 3200 万立方米尾矿涌出, 淹没下游 5km 外村庄 158 座房屋, 造成至少 17 人遇难, 2 人据报失踪, 污染 650km 河流并汇入大西洋, 破坏了沿河 15km² 的土地, 切断了居民的饮用水供应, 损失至少 67 亿美元, 引发巴西史上最严重的环境灾害。

案例3: 2019 年 01 月 25 日, 巴西东南部米纳斯吉拉斯州布鲁马迪纽市 Córrego do Feijão 铁矿的尾矿坝发生溃坝事故, 溃坝后泥浆顺流而下, 摧毁大量沿途建筑物, 尾矿库溃坝事故造成超过 250 人丧生, 该矿的食堂、行政办公室以及 3 辆机车和 132 辆货车都被埋在了矿区, 下泄泥砂流摧毁了附近几处房屋以及部分铁路桥梁和约 100m 的铁路轨道, 下游山谷的农业区也受到了破坏, 造成了严重的损失, 这是历史上最致命的尾矿坝灾难之一。

2.7 英国的尾矿库溃坝事故

英国的尾矿库多数因强降雨溃坝失事, 尾矿库因地震而溃坝的例子较少, 不同于亚洲与美洲, 欧洲事故分布国较为分散。英国气候与我国夏季多雨期相反,冬季为英国尾矿库溃坝事故多发期，所以在筑坝时还需考虑结冰融化因素，英国的尾矿库的部分溃坝事故见表 2-7。

表 2-7　英国尾矿库溃坝事故统计

序号	位置	日期 (年-月-日)	矿类	筑坝 方式	坝高/m	原因
1	Park	1970	黏土	—	3	漫顶
2	Unidentified	1967	煤	下游法	20	坝体失稳
3	Unidentified，#2	1967	煤	下游法	14	坝体失稳
4	Unidentified，#3	1967	煤	下游法	30	渗流
5	Derbyshire	1966	煤	下游法	8	地基问题
6	Williamthorpe，#2	1966	煤	—	—	地基问题
7	Williamthorpe	1966-03-24	煤	—	—	漫顶
8	Aberfan，South Wales Colliery	1966-10-21	煤	—	—	暴雨引起溃坝，排出 16200m² 尾砂，造成 144 人死亡
9	Maggie Pye	1970-01	黏土	上游法	18	坝体失稳
10	Glebe Mines	2007-01-22	氟	—	—	漫顶

2.8　其他国家的尾矿库溃坝事故

以下国家由于尾矿库溃坝事故较少，即单个国家溃坝事故低于 10 次，故不再展开一一说明，地震、漫顶与坝体失稳依然是这些国家尾矿库溃坝的主要原因。其他国家的尾矿库的部分溃坝事故见表 2-8。

表 2-8　其他国家尾矿库溃坝事故统计（单个国家溃坝事故低于 10 次）

序号	位置	日期 (年-月-日)	矿类	筑坝 方式	坝高/m	原因
1	Belle Powell Soda Factory，德国	1933	—	—	—	—
2	Jersey in the dam，日本	1936	—	—	—	—
3	The Akkursk Dam，苏联	1950	—	—	—	—
4	Aberfan，威尔士	1966	—	—	—	—
5	Hirayama，日本	1978	金	下游法	9	地震
6	Jupille，比利时	1961	煤	—	—	—
7	Marsa，秘鲁（Marsa Mining Corp）	1993	金	—	—	漫顶
8	Mochikoshi No.2，日本	1978	金	上游法	19	地震

序号	位置	日期 (年-月-日)	矿类	筑坝 方式	坝高/m	原因
9	Riltec, Mathinna, Tasmania, 澳大利亚	1995	金	中线法	7	渗流
10	Sgurigrad, 保加利亚	1996	铅、锌	上游法	45	坝体失稳
11	Unidentified, Canaca, 墨西哥	1974	铜	上游法	46	漫顶
12	Vallenar 1 and 2	1983	铜	—	—	漫顶
13	Mir Mine, Sgorigrad, 保加利亚	1966-05	铅、锌	上游法	—	—
14	Hokkaido, 日本	1968	—	—	—	地震
15	Bilbao, 西班牙	1969	—	—	—	坝体失稳
16	Mufulira, 赞比亚	1970-09	铜	—	50	坝体失稳
17	Certej Gold Mine, 罗马尼亚	1971-10-30	金	—	25	坝体失稳
18	Bafokeng, South 南非	1974-11-11	磷	上游法	20	渗流
19	Madjarevo, 保加利亚	1975-04	铅、锌	上游法	40	结构性问题
20	Zlevoto No. 4, 南斯拉夫	1976-03	铅、锌	上游法	25	坝体失稳
21	Mochikoshi No. 1, 日本	1978-01-14	金	上游法	28	地震
22	Norosawa, 日本	1978-01-14	金	下游法	24	地震
23	Arcturus, 津巴布韦	1978-01-31	金	上游法	25	漫顶
24	Balka Chuficheva, 俄罗斯	1981-01-20	铁	上游法	25	坝体失稳
25	Cerro Negro No. 阿根廷	1985-03-03	铜	上游法	40	地震
26	Veta de Agua, 阿根廷	1985-03-03	铜	上游法	24	地震
27	Prestavel Mine-Stava, North Italy, 2, 3 意大利 (Prealpi Mineraria)	1985-07-19	氟	上游法	29.5	坝体失稳
28	Bekovsky, Western Siberia 俄罗斯	1987-03-25	煤	上游法	53	—
29	Ajka Alumina Plant, Kolontár, 匈牙利	1991-11-03	铝	下游法	—	结构性问题
30	Maritsa Istok 1, 保加利亚	1992-03-01	煤	—	15	侵蚀
31	Kojkovac, 黑山共和国	1992-11	铅、锌	—	—	侵蚀
32	Saaiplaas, 南非	1993-03-22	金	上游法	28	坝体失稳
33	TD 7, Chingola, 赞比亚	1993-08	铜	上游法	5	漫顶
34	Olympic Dam, Roxby Downs, 澳大利亚	1994-02-14	铜、铀	—	—	—
35	Merrie spruit, near Virginia, 南非	1994-02-22	金	上游法	31	漫顶
36	Middle Arm, Launceston, Tasmania, 澳大利亚	1995-06-25	金	中线法	4	漫顶
37	Omai Mine, Tailings Dam No 1, 2, 圭亚那	1995-08-19	金	—	44	侵蚀

序号	位置	日期 (年-月-日)	矿类	筑坝方式	坝高/m	原因
38	Golden Cross, Waitekauri Valley, 新西兰	1995-12	金	—	25~30	地基问题
39	El Porco, 玻利维亚	1996-08-29	锌、铅、银	—	—	溃坝
40	Amatista, Nazca, 秘鲁	1996-11-12	—	上游法	—	地震
41	aznalcólla. Frailes, 西班牙	1998-04-25	锌、铅、铜	—	—	溃坝
42	Huelva, 西班牙	1998-12-31	磷	—	—	漫顶
43	Baia Mare, 罗马尼亚	2000-01-30	金	上游法	—	结构性问题
44	Borsa, 罗马尼亚 (Remin S. A-govt)	2000-03-10	铅、锌	—	—	—
45	Aitik mine, near Gällivare, 瑞典 (Boliden Ltd)	2000-09-08	铜	下游法	15	侵蚀
46	Tarkwa, 加纳	2001-10-16	金	—	—	—
47	Sasa Mine, 马其顿	2003-08-30	铅、锌	—	—	结构性问题
48	Malvési, Aude, 法国	2004-03-20	铀	—	—	—
49	Partizansk, Primorski Krai, 俄罗斯	2004-05-22	煤	—	—	—
50	Nchanga, Chingola, 赞比亚	2006-11-06	铜	—	—	—
51	Fonte Santa, Freixia De Espado a Cinta 葡萄牙	2006-11-27	钨	下游法	12	漫顶
52	Karamken, Magadan Region, 俄罗斯	2009-08-29	金	—	20	—
53	Ajka Alumina Plant, Kolontár, 匈牙利	2010-10-04	铝	下游法	—	渗流
54	Sotkamo, Kainuu Province, 芬兰	2012-11-04	镍、铀	—	—	渗流
55	Buenavista del Cobre mine, Cananea, Sonora, 墨西哥	2014-08-07	铜	—	—	—

部分典型尾矿库溃坝案例如下所示。

案例 1：1966 年 5 月，保加利亚米尔矿尾矿库发生溃坝事故，导致 488 人死亡。米尔矿尾矿库溃坝的直接原因是暴雨引发洪水漫顶。该库未建立尾矿库监测系统，无法对降雨量和库水位进行实时监测，以至于暴雨超过设防标准、库水位超限未进行及时预警，最终导致事故的发生。

案例 2：1976 年 3 月，南斯拉夫兹莱托沃铅矿 4 号尾矿库发生溃坝事故，约 30 万立方米的尾砂流入基塞利卡河，给河流造成严重的污染。事故主要原因是浸润线过高，致使渗水冲破路堤发生事故。该库未建立浸润线动态监测系统，未能及时掌握浸润线埋深过浅，导致坝体失稳。

案例 3：1985 年 7 月 19 日，意大利 Trento. stava Prealpi Mineraia 尾矿库因排水系统冻结堵塞，泄洪能力不足导致溃坝，20 万立方米尾砂以 90km/h 的速度倾泻而下，造成 268 人死亡，62 座建筑被毁，受影响的总表面积为 $0.435km^2$。该尾矿坝由两个建在斜坡上的盆地组成。上坡盆地先发生坍塌，释放的物质流入下盆地导致其发生溢出和随后的坍塌，由此产生的尾砂流以 30km/h 的速度传播到斯塔瓦，后来加速达到了 90km/h。斯塔瓦尾矿坝分为上方坝及下方坝，于 1962 年开始建设下方坝，用上游法筑子坝，上升的最终高度大约为 26m，坝的下游坡角平均为 32°；上方坝初期坝施工结束，初期坝高 5m，由天然黏土建成，没有采用任何地基处理及加固手段，在大坝升到 10m 高以前是采用中线法筑坝，下游坡面角大约 40°，坡角伸入到下方汇水区域的软沉积层中。10m 高以上用上游法筑坝，下游坡面角角度不变。1975 年，上方坝继续进行堆积，下游坡面角变缓平均为 35°。在 19m 高处修建了一个 4m 宽的马道。1978 年，上方坝堆积坝筑到 26m 高时暂停筑坝，可是自然地下水继续流入上方库的汇水区域。这样两坝后都蓄存着高水位水。1985 年 1 月，当上方坝达到 28m 高时，在上方坝右侧低处坝坡发生小塌陷，其原因是排水系统涵管冻结堵塞，从而由渗漏引起。1985 年 6 月上旬，在下方库汇水区域出现 30m 宽，3~4m 深的漏洞，这是由于排水涵管破裂，大量泥性尾矿漏出。1785 年 7 月 19 日，当上方坝升高到 30m，下方库也蓄有大量的水时，上方坝首先发生灾难性溃坝，同时也冲毁了下方坝，上下两坝的洪流淹没了阿维苏流域。该坝破坏的主要类型有因排水系统冻结堵塞，渗漏管涌及流土破坏。

案例 4：1992 年 3 月 1 日，保加利亚 Stara zagora 附近 Maritsa Istok 1 尾矿库因暴雨导致溃坝，流失将近 50 万立方米尾矿，对下游造成严重污染。

案例 5：1994 年 2 月 22 日，南非 Merrie spruit Harmony 尾矿库因暴雨使坝体产生缺口导致溃坝流失 60 万立方米尾矿，波及下游 4km，造成 17 人死亡。

案例 6：1995 年 8 月 19 日，圭亚那阿迈金矿尾矿坝因大坝内部被侵蚀导致尾矿坝溃坝。该尾矿库溃坝是由内部侵蚀（管涌）造成的坝体完整性破坏，造成流失 4200 万立方米尾矿，污染河流将近 80km。坝体破坏前，坝体因内部侵蚀或铺设管路而破坏了它的完整性。当破坏发生时，微小土粒通过粗骨料间缝隙流失，最终，在坝体中出现土粒流失通路和同穴。内部破坏是导致传统土坝破坏的主要原因。

根据文献《圭亚那阿迈金矿尾矿坝垮塌事故分析》指出：阿迈金矿位于气候潮湿炎热的圭亚那，矿化带中有石英脉侵入，侵入体主要是石英闪长岩及地表风化形成的残积风化土石。圭亚那黄金开采可追溯到 1896 年，1993 年阿迈金矿公司开始进行露天开采。在尾矿坝破坏前，阿迈金矿公司采用传统的碳浆法日处理矿石 1.3 万吨，尾砂浆主要是 -75mm 的矿泥及含有 $(70 \sim 100) \times 10^{-6}$ 游离氰化物废水。尾矿坝蓄水池用以储存尾砂和在废液排放前稀释游离氰化物。尾矿坝位于阿迈河岸边，阿迈河宽仅几米，水流量 $4.5m^3/s$，很快与埃塞奎博河汇合，埃塞奎博河是南非主要河流之一，在金矿地段其平均流量为 $2100m^3/s$，河水最终流入大西洋。1995 年中期，尾矿坝中储存尾砂高度离设计的最终高度仅差 1m，矿山仍在一如既往地处理金矿，在坝体破坏的当天下午 4 时，坝体检查并未发现异常情况。

尾矿坝破坏过程：1995 年 8 月 19 日深夜，一位警觉的卡车驾驶员注意到尾矿坝的一端有流水，黎明时，坝体另一端开裂出水。事故发生后最初几小时，阿迈河水流量猛增至 $50m^3/s$，公司立即采取应急措施，将泄漏废水引入露天坑。几天后，矿山修筑了一条隔离坝，将废水引入其他排放渠道。最终，$1.3 \times 10^6 m^3$ 含 2.5×10^{-5} 氰化物的尾砂废水引入露天坑，但是，其余 $2.9 \times 10^{-6} m^3$ 废水流入阿迈河再汇入埃塞奎博河。坝体破坏后 48 小时，事故通过卫星传遍全世界，圭亚那政府立即宣布该范围为环境污染区，并请求国际援助。针对 1978 年发生在琼斯敦的灾难事件，这不失为明智之举。在那次事故中，900 名圭亚那人因饮用氰化物污染水身亡。几个月后，更为详细的调查结果表明，阿迈河中有 346 条鱼被毒死。但由于埃塞奎博河流的巨大稀释能力，下游环境及人体健康基本没有受到影响。尽管如此，该事故仍然对圭亚那造成了巨大的影响。阿迈金矿公司是圭亚那政府投资最大的企业，政府税收的 25% 来自该矿，该矿的产值占整个国家国民生产总值的几个百分点。矿山因此停产达半年之久，给整个国家造成了一定的财政危机。就个别情况而论，矿山事故使一些企业遭受损失，加勒比海的周边国家严禁从圭亚那进口海洋食物，这波及整个国家经济。阿迈金矿公司直接经济损失达 1500 万美元。

事故原因调查：事故发生后，政府组织专家召开咨询会，组建了三个技术小组进行了调查。完整性好的坝体基本上不能提供坝体破坏的线索。在三个月的调查期间，坝体审查组收集了有关尾矿坝的设计及建造资料，检查了坝体残留部分，对坝体底部的航测照片进行了分析，在坝中凿了两条深槽并在一些关键区域进行钻探，阿迈金矿公司全力配合了该次调查。

坝体建在残余风化土石基础上，坝体建筑材料有黏质、渗透性较差的残余风化土石，一座较宽的废石堆与坝体相连，残余风化土石也是废石堆的主要成分，废石堆延伸 400m 直至阿迈河边。除坝的两端（坝体破坏位置）外，坝体均与废石堆相连。

坝中设置了几个测压计，监测不同部位的内部水压。这些测压计可测出因废石堆下排水通道堵塞而引起的排水不畅，但对即将发生的破坏没有任何指示。

坝体破坏后，遍布在坝体中的裂缝明显可见，这些裂缝沿坝体整个长度扩展，最大的裂缝朝蓄水池方向旋转倾斜，更难以理解的是，当蓄水面下降后，在迎水坡面上，出现约 20 个落水洞和沉陷洼地。其中一些在坝体破坏后几周时间内，仍持续出现和塌陷。

进一步调查结果表明，坝体破坏前，坝体因内部侵蚀或铺设管路而破坏了它的完整性。当破坏发生时，微小土粒通过粗骨料间缝隙流失，最终，在坝体中出现土粒流失通路和洞穴。内部破坏是导致传统土坝破坏的主要原因，其他尾矿坝破坏也存在同样的问题。

阿迈尾矿坝内部侵蚀有两大原因：（1）在建坝期间，在堤坝底部安装了波纹排水钢管临时排水。在重型设备夯实管路周围的回填材料时，破坏了管路完整性，客观上为细粒材料流失创造了条件，由于没有采取其他有效措施阻止或有效控制管道周围回填料中的渗漏，坝体内部侵蚀就从此开始；（2）过滤细砂层与回填废石之间接触不牢固，砂粒简单地堆放在废石上，没有有效措施保证砂粒不会从废石空隙间流失，砂粒与废石粒径相差太大，甚至连暴雨径流都会造成细骨料流失。

8 月 19 日晚上，坝体内部洞隙扩展加大，排水波纹管道周围孔隙与蓄水池贯通，几个小时内，大量的软泥和废水冲入废石堆，造成该处水面急速上升，过滤层砂粒随之冲入废石堆流失。

随着砂粒流失，坝体失去支持而破坏，坝体内旋倾斜产生纵向裂缝。随着坝体大范围开裂破坏，在整个破坏过程中坝体迎水坡面产生大量的孔洞。

案例 7：1996 年 8 月 29 日，玻利维亚 El Porco 尾矿库发生坝体溃坝事故，皮科马约河 300km 被污染。

案例 8：1996 年 11 月 12 日，秘鲁 Nazca Amatista 尾矿库上游法尾矿坝在地震中因液化溃坝，流失 30 万立方米尾矿，波及下游 600m。

案例 9：1998 年 4 月 25 日，西班牙 aznalcólla Frailes 尾矿库薄弱基础导致大坝的失事，400 万 ~ 500 万立方米的有毒水泥浆流向下游，导致数千公顷的农田被泥浆涵盖。

案例 10：1998 年 12 月 31 日，西班牙 Huelva 尾矿库因暴雨而溃坝，流失 5 万立方米酸性尾矿严重污染水源。

案例 11：2000 年 1 月 30 日，罗马尼亚 Baia Mare 尾矿库因大雨和冰雪融化造成尾矿坝漫顶而溃坝，100000m³ 的氰化物污染液体释放到拉普斯河，严重污染河流，导致数吨鱼类死亡，使 200 万人饮水困难。

案例 12：2000 年 9 月 8 日，瑞典 Gällivare Aitik mine 尾矿库因滤水能力不足而溃坝，导致 $2.5 \times 10^6 m^3$ 尾矿泄漏到相邻的沉降池中，随后将 150 万立方米的水从沉淀池释放到环境中，以确保沉淀池的稳定性，与这些水一起，释放出一些浆液。瓦萨拉河的河床覆盖着至少 7~8km 长的白色泥浆，这可能会影响土壤动物群，造成 1.5 百万人饮水困难。

案例 13：2004 年 3 月 20 日，法国 Aude Malvési 尾矿库因暴雨而溃坝，流失 3 万吨尾矿，释放了大约 30000m³ 的液体和泥浆，该液体含有高浓度的硝酸盐，Tauran 河受到严重污染。

案例 14：2004 年 5 月 22 日，俄罗斯 Primorski Krai Partizansk 尾矿库坝体局部溃穿导致溃坝流失 16 万立方米尾矿，严重污染河水。

案例 15：2009 年 8 月 29 日，俄罗斯 Magadan Region Karamken 尾矿库因强降雨引发溃坝事故，向下游倾泻 120 万立方米泥砂，造成至少 1 人死亡。

Karamken 工厂的尾矿沉积在一个 20m 高、300m 长的坝后面，该坝横跨一条溪流 Tyumanni Creek，流入并流经大坝下游的 Karamken 镇。这条小溪被一个 200m 长的大坝堵塞改道。大坝存在一个 0.5km×0.5km 的蓄水湖泊，并使用"热敏电阻"（维持冻结条件的装置）建造，以确保大坝具有无孔的冻结岩心。湖泊的地表流出水口是一条与尾矿处理区东侧平行的引水通道。这条长达 1km 的引水通道一部分衬有金属板，一部分衬有混凝土板。在作业期间，引水通道入口由一排金属柱保护，进入湖底形成"冰障"，以防止上游湖泊春假期间释放的 1~2m 厚的冰对引水通道造成损害。水坝、冰障和引水渠都遭受了严重的忽视和破坏，以至于它们无法发挥其设计的功能，造成了事故的发生。

案例 16：2010 年 10 月 04 日，匈牙利 Kolontár 尾矿库由于浸润线过高、调洪库容不够导致溃坝，该事故波及下游 8km，造成 10 人死亡，300 人受伤，其中许多人因接触高碱性泥浆而被化学烧伤。总损失估计约为 3800 万欧元。2010 年 10 月 4 日 12 时 30 分左右，匈牙利西部 Ajka 村一个巨大的蓄水池的西北角突然倒塌，导致近 100 万立方米的赤泥流倾泻到周围的乡村，造成了环境灾难。Kolontár 村被大量的水和从水库流出的有毒泥浆混合淹没，一些房屋和桥梁在泥石流的严重影响下倒塌。几分钟之内，位于下游几千米处的迪维瑟村也受到了垃圾泄漏的影响，道路变成了湍急的红色泥浆，冲走了数十辆汽车、许多房屋和其他建筑。最终，40 多平方千米的地区受到了这场灾难的影响。

匈牙利 Ajka 工厂的尾矿坝的倒塌被认为是匈牙利有史以来最严重的尾矿坝溃坝灾难，也是世界范围内最严重的尾矿坝溃坝灾难之一。这与 1966 年保加利亚的斯戈里格雷德和 1985 年意大利的斯塔瓦山谷的灾难有很多相似之处。

案例 17：2012 年 11 月 4 日，芬兰 Sotkamo Kainuu Province 尾矿库，附近的河中镍和锌的浓度严重超标。

3 巴西 Feijão 矿区的 I 号尾矿坝溃坝事故调查报告

3.1 报告摘要

2019 年 1 月 25 日 12 时 28 分左右，巴西米纳斯吉拉斯州 Brumadinho 东北 9km 处的淡水河谷 Feijão 铁矿的尾矿坝 B–I（I 号尾矿坝）突然发生溃坝事故，大量泥砂迅速下泄并引起灾难性的泥石流灾害。

该溃坝事故保存了溃决过程中的高清影像资料，可以深入了解溃坝机理。影像资料清楚地展示了从坝顶开始，坝坡失稳破坏扩展延伸到第一个抬升坝（初期坝）上方区域。在坝体溃决前，坝顶位置明显下降，坡趾以上区域明显凸起。此坝体破坏和坍塌在 10s 内完成，其破坏范围包括坝体的大部分区域，此时的尾矿材料强度突然显著下降，并迅速变成了一种向下游高速流动的高容重水砂混合流体，在不到 5min 内流出 970 万立方米的尾矿材料（占尾矿储量的 75%）。影像资料显示，最初的坝体破坏相对较小，随后坝体发生了一系列快速浅层滑动，坝体后缘陡峭，并向尾矿库前端推进。根据以上分析表明，溃坝是由尾矿材料静态液化流动而引起的。尾矿材料强度快速且显著下降表明坝内材料为易变形材料。

I 号尾矿坝溃坝的特点还在于发生溃坝之前，没有明显的溃决迹象。溃坝事故发生的 7 天前，一架无人机曾飞越过 I 号尾矿坝，影像资料显示坝体未出现任何溃决迹象。I 号尾矿坝也设置了包括沿坝顶布置的测量标识、监测坝体内部变形的测斜仪、监测坝体表面变形的地面雷达和测量内部水位变化的测压计等监测仪器和手段。在坝体溃决前这些仪器均未检测到任何大的变形或异常。卫星图像分析表明，在溃坝前的 1 年，坝体表面每年会发生小于 36mm 的缓慢且连续的小变形，在雨季时变形会有所加速。在坝体下部，破坏前 12 个月测量的水平变形为 10~30mm，这种变形量与大坝长期且缓慢沉降数值相一致，但这不是坝体溃决的预警前兆。

该尾矿坝的建设历史也许能提供溃决相关的原因。该坝采用上游式筑坝，历时 37 年，共设置了十级抬升坝。2013 年后没有继续增高尾矿库，2016 年 7 月停止尾矿堆存。初期坝的特点是排水不畅，在随后坝体的抬升过程中，除了一些后期抬升时设置的横向和地下排水系统外，没有安装任何有效的内部排水系统。后期施工过程中在坝面观察到有渗漏现象。尾矿坝的初步设计确定了一个相对陡峭的坝坡。在第三级坝体抬升施工完成后，在坝顶修建了一个退台（setback）以使坝顶形成直坝。这个退台（setback）降低了大坝的整体坡度，致使库水更靠近大坝坝前。溃坝前的航拍和卫星影像资料显示，在大坝使用期间，有时库水会很靠近坝前，坝体内细尾砂和粗尾砂互层，这个退台使得尾矿坝下一级抬升坝移到了颗粒较细且强度低的细颗粒尾矿上。

由于缺乏有效的排渗设施，加上坝体内部存在渗透性较差的细粒尾矿层，坝体地下水位较高。在第四级抬升坝体时，曾在坝面周期性观测到渗流。尽管尾矿排放在 2016 年年中停止，但坝体内安装的测压计的数据显示，尾矿排放结束后，坝体内的地下水位并未显著下降。坝体上部的水位正在缓慢下降，但坡脚区域的水位仍然很高。这主要是该区域雨季较高的降雨量，加上坝体内部排水不畅所致。2018 年年初安装了 14 根深层水平排渗管（DHPs），当在安装第 15 根 DHP 期间，发生了事故，之后就没有继续安装深层水平排渗管。

坝体溃决前的岩土工程勘察的数据非常重要，包括钻孔（drilling）、取样（sampling）、锥贯试验（CPTu）、现场十字板剪切试验（FVT）和原位剪切波速（V_s）。这些数据提供了有关坝体材料属性、黏稠度和材料分层以及孔压分布等详细信息。基于以上数据，再加上航拍和卫星影像资料，可以为尾矿坝的二维和三维地层模型的构建提供基础资料。

专家组也进行了现场调查和试验，以提供更多坝体的详细信息。一项重要的发现是，坝体内的尾矿材料的铁或亚铁含量非常高（大于 50%），石英含量非常少（小于 10%）。高铁含量使尾矿的容重高达 26kg/m³。之前的锥贯试验（CPTu）、单位容重和水压力数据表明，尾矿材料在大应变下表现出松散、饱和与压缩的特性。作为调查的一部分，需对代表性尾矿进行样本重塑，并开展新的实验测试，获得尾矿材料的强度弱化和材料黏性指标。在现场十字板剪切试验（FVT）和锥贯试验（CPTu）的历史数据和一些实验室试验数据中也观察到了这种材料强度弱化特征。通过电子显微镜扫描图像分析，专家组将这种易变形且强度下降行为归因于尾矿的黏结性，尾矿黏结性很可能是铁的氧化引起的。新的实验测试结果还表明，松散的尾矿试样在恒定载荷下会累积变形。恒定载荷下的变形累积效应称为蠕变。总之，尾矿呈松散、饱和和黏结状态，这种黏结状态使尾砂变得坚硬，但在遇水饱和时也可能变得很脆弱甚至无强度。结合这些特征，在持续变形的情况下尾矿材料强度有可能出现显著且快速的下降。尾矿表现出的刚性和易变形特征与溃坝前未观察到明显变形和快速且突然的溃坝破坏现象相一致。

对坝体内部应力状态的分析表明，由于尾矿坝坝面坡度较陡、尾矿的高容重以及坝体较高的地下水位等因素，坝体的关键部位承受着很高的荷载。陡峭坝坡、高水位、低强度的细尾砂以及尾矿本身的易变形特性构成了 I 号尾矿坝的溃坝条件。

专家组的调查主要集中在可能引发尾矿材料强度突然且快速下降的因素上，该因素可能导致视频中所示的坝体整体溃坝破坏。考虑到溃坝前尾矿的高剪应力和易变形特征，突然的触发因素导致尾矿坝溃坝的可能相对较小。专家组还认为，触发因素可能是多个影响因素的累积效应。

在事故发生当天，该地区没有发生地震的记录。尽管该地区的露天矿进行了爆破，但在破坏之前，2019 年 1 月 25 日距离 I 号尾矿坝最近的地震仪没有记录到爆破数据。所以，地震和爆破并不是引发溃坝的原因。

在 2018 年 10 月至尾矿库溃坝期间，在坝体中部和上部区域钻进了 9 个钻孔，这些钻孔主要用于安装测斜仪和测压计，这些钻孔贯穿整个尾矿堆积体后延伸至天然土体中。在此次钻探期间，坝体未显示出任何破坏迹象，也未检测到与钻孔相关的变形。发生溃坝时，施工人员正在坝体上工作，并使用钻机在坝体中上部的第八级抬升坝坝顶中部安装测压计。发生溃坝时，该钻孔的钻进深度约80m，钻孔底部可能已到达原始地面。正如计算机模拟所显示的，破坏当天的部分钻孔不会触发坝体整体破坏。

一般而言，坝内的地下水位要么缓慢下降，要么在破坏前基本保持不变。因此，地下水位变化不作为溃坝事故的触发因素。然而，每年雨季（从 2018 年 10 月左右到溃坝发生时）的强降雨可能导致尾矿黏结力下降，从而导致地下水位线以上的非饱和材料强度略有降低。对降雨数据进行的分析表明，溃决前尾矿坝附近的雨季降雨比前几年更高、更强，尽管总降雨量低于 2008 年至 2011 年的年降雨量。计算模拟结果表明，仅在水位以上的非饱和带中尾矿材料强度的微小下降（最高下降 15kPa）将不足以引起坝体明显的不稳定，但可能促成尾矿坝坝体的失稳破坏。

计算模拟还表明，蠕变、高剪应力导致坝体持续且小的内部变形，这与破坏前一年卫星图像中观察到的坝面小变形一致。模拟结果证实，这种内部蠕变足以引发尾矿强度的下降，进而导致坝体失稳破坏，这种现象被称为"蠕变破坏"。

模拟结果进一步表明，当内部蠕变与黏聚力下降两者共同作用时，足以触发2019 年 1 月 25 日观测到的整个坝体溃决破坏。总之，以下因素为 I 号尾矿坝的失稳创造了条件：

（1）上游陡坡的设计；

（2）尾矿库内的库水管理，有时允许库水接近坝前，导致更多细粒尾矿在坝前沉积；

（3）设计上的退台（setback），将后期堆积的坝体推到强度较低的细尾砂上；

（4）缺乏重要的内部排渗设施，导致坝体处于持续的高地下水位状态，特别是在坝趾区域；

（5）铁含量高，导致重尾矿颗粒间黏结。这种黏结产生了坚硬的尾矿，如果遇到排水不畅时，饱和尾矿可能使其强度变得非常低；

（6）雨季该区域的高强度降雨，可导致尾矿材料的黏聚力显著降低，从而引起水位以上非饱和材料微小的强度损失。

专家组认为，溃坝和由此产生的流滑是坝体尾矿流动液化的结果。以上描述的建坝历史，表明该尾矿坝主要是由松散、饱和、重且易变形的尾矿组成，但在坝体下游具有高剪应力，从而使尾矿坝处于临界稳定状态（即在不排水条件下发生破坏）。室内试验结果表明，引起尾矿材料强度降低所需的应变可能非常小，尤其是在强度较低的细粒尾矿中，这些是造成坝体可能流动液化的主要因素。

专家组得出结论认为，坝体强度迅速降低以及由此引起临界稳定状态的坝体溃决的关键是以下两种因素共同作用的结果：即蠕变引起的持续内部变形和非饱和区尾矿强度的下降（主要是 2018 年年底强降雨导致的非饱和区尾矿材料黏聚力下降所致）。这是在 2016 年 7 月尾矿停止排放后，多年来降雨量不断增加的结果。这可从触发组合条件计算模拟的破坏前变形与破坏前一年卫星图像监测到的坝体小变形相吻合。非饱和区的内部变形和强度降低达到了临界水平，导致 2019 年 1 月 25 日的尾矿库坝体溃决。

3.2 简　　介

3.2.1 授权调查范围

本报告介绍了坝体失稳的技术原因的评估结果。由水和尾矿坝等领域的 4 名岩土工程专家组成调查小组，对淡水河谷 Córrego Feijão 铁矿 I 号尾矿坝的溃坝事故进行调查，4 名岩土工程专家分别是：Peter K. Robertson 博士（主席）、Lucas de Melo 博士、David Williams 博士、G. Ward Wilson 博士。该调查是由淡水河谷公司委托开展的，专家组成员此前没有在淡水河谷公司工作过，也没有参与任何与 I 号尾矿坝相关的工作。

专家组受命利用其专业知识和专业判断审查和评估所要求的相关数据和技术信息，以确定 I 号尾矿坝溃坝的技术原因。该专家组没有涉及与相关公司或个人责任有关的事项；相反，此任务的目的是找寻尾矿坝溃坝的技术原因。

专家组依靠顾问的协助，审查了历史数据和文件，评估了特定学科领域，进行了现场和室内试验测试，并使用计算机建模进行数值分析。这些顾问包括：Geosyntec Consultants、Klohn Crippen Berger 有限公司（KCB）、Bentley Systems（前身为 SoilVision）和 Geoapp s. r. l。虽然专家组在整个调查过程中与顾问一起工作，但本报告所做出的结论反映了专家组的专业判断，并完全由专家组做出。

3.2.2 报告构成

该报告分为 10 个部分。第 2 部分描述了溃坝条件，包括一个溃坝起始阶段的视频片段分析和溃坝影响因素总结。第 3 部分阐明了专家组进行调查的方法，详细说明了专家组如何确定溃坝机制，讨论了溃坝的潜在触发因素，并介绍了专家组为确定触发因素而进行的各种调查和分析。第 4 部分讨论了 I 号尾矿坝的历史，包括在大约 37 年时间里的设计和建造大坝的 10 个主要影响因素，安装在坝体上的仪器和监测设备记录的活动，以及在建造大坝最后阶段记录的某些活动或观测数据。第 5 部分介绍了尾矿坝的破坏前变形分析，专家组利用卫星图像、雷达、现场调查、可用的视频和无人机拍摄的影像材料等数据，分析了坝体在破坏前的变形。第 6 部分是在结合破坏前记录的历史野外和实验室数据以及专家组最近进行的野外和实验室研究成果，详细阐明了坝体内尾矿和土体与坝基天然土体的性质和特征。第 7 部分总结了坝体内随时间变化的水流运动以及降雨入渗。第 8 部分介绍了专家组进行的稳定性和变形分析，并讨论了可能的溃决触发原因。第 9 部分给出了专家组对调查问题的最终结论，并分析了溃坝的内在因素。第 10 部分对一系列与溃坝有关的问题提供了简短的回答。

报告的附录提供了基本的技术细节以及附加的数据和表格。附录 A 介绍了坝体建造的全部历史，从大坝建造前的场址设置开始，一直到坝体的每一级坝体抬升，然后描述了坝体建造完成后的某些活动和观测情况。附录 B 展示了在溃坝之前的岩土工程领域和实验室历史记录数据。附录 C 描述了坝体使用的各种仪器和监测设备，并提供了这些设备在溃坝前五年的记录数据。附录 D 利用卫星、雷达、视频、无人机和激光雷达数据提供了详细的图像分析。附录 E 介绍了专家组进行的实地和实验室研究成果。附录 F 描述了用于坝体稳定性和变形分析模型的构建过程。附录 G 详细说明了为了了解坝体中的水流运动规律而进行的渗流分析。附录 H 详细描述了坝体稳定性和变形分析。附录 I 描述了地震仪记录的数据。使用的关键术语词汇表包括在报告的附录 J 中（本章调查报告及其附录 A ~ 附录 J 的 "附件材料" 详见网站：www. bltechnicalinvestigation. com/report. html）。

3.2.3 专家组的工作内容

专家组于 2019 年 3 月展开调查，并于 2019 年 12 月完成工作。专家组审查了从淡水河谷公司以及第三方获得的文件、数据和资料，其中包括：

（1）尾矿坝溃坝当天的录像片段；

（2）反映尾矿坝设计和建造历史的文件；

（3）有关尾矿坝活动的记录；

（4）与尾矿坝相关的分析、报告和简报；

（5）安装在尾矿坝的仪器和监测设备搜集的数据；

（6）卫星、激光雷达（LiDAR）和合成孔径雷达干涉测量技术（InSAR）数据；

（7）无人机拍摄的尾矿坝录像和照片；

（8）尾矿坝附近区域的地震监测数据。

专家组于 2019 年 3 月及 6 月踏勘了现场，调查了Ⅰ号尾矿坝所在区域地形地貌及区域构造，并取得具有代表性的野外样本。专家组还对淡水河谷公司的多名员工和第三方进行了采访。2019 年 7 月，专家组进行了系统的现场测试分析，通过对现场调查期间获得的样本进行实验室的测试分析。专家组还进行了计算建模分析，包括渗流分析、稳定性和变形分析。

3.3　溃　　坝

3.3.1　溃坝过程

当地时间 2019 年 1 月 25 日 12 点 28 分，Ⅰ号尾矿坝发生了灾难性的突发溃坝事故。尾矿坝溃决产生的泥石流迅速穿过下游矿区的食堂和办公室，以及房屋、农场、客栈、桥梁和下游的道路。泥石流顺流而下，流入帕劳佩巴河。

图 3-1 为 Córrego do Feijão 矿的位置，其与北部的贝洛奥里藏特市（Belo Horizonte）和西南部的布鲁马迪纽镇（Brumadinho）相邻。图 3-2 ~ 图 3-4 为 Córrego do Feijão 矿的现场情况和溃坝前的Ⅰ号尾矿坝。坝高约 80m，坝顶长约 700m。

图 3-1　Córrego do Feijão 矿的位置

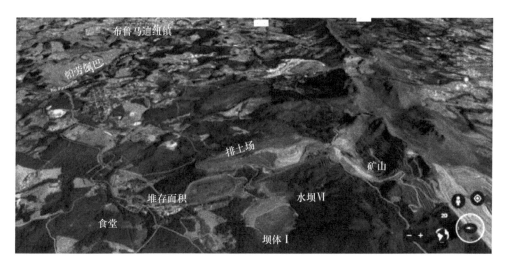

图 3-2　Córrego do Feijão 矿西向的概况

图 3-3　Ⅰ号尾矿坝西向的概况

尾矿溃坝事故开始和发展都非常迅速，溃决尾砂产生了高达 30m 的泥砂流，首先冲刷了相邻Ⅵ号坝的下游。随后，水流部分冲入了Ⅰ号尾矿坝对面的选矿厂区域，然后吞没了整个库区。这股洪流随后席卷了下游的食堂和办公大楼，最后停在了布鲁马迪纽边缘的帕劳佩巴河上。

事故发生时摄像机正好捕捉到了溃坝发生的瞬间。坝体前后分别安装了两台摄像机。第一台摄像机（CAM1）位于峡谷对面的选矿厂上方，对着Ⅰ号尾矿坝的下游坝面。第二台摄像机（CAM2）位于坝顶的上游端，朝向Ⅰ号尾矿坝顶部的背面。视频图像的详细分析见附录 D。

图 3-4　I 号尾矿坝北向的概况

第一台摄像机拍摄的一系列静态照片记录了第一次观察到的坝体形变和 I 号尾矿坝溃坝破坏的早期形态，如图 3-5 ~ 图 3-11 所示。这些图像显示了溃坝破坏的发展过程，从坝顶中间部分的沉降开始，一直延伸到 I 号尾矿坝坝体 80% 以上的范围，如图 3-5 所示。大约 0.2s，坝体大约 1/3 处坝面的膨胀高于坝趾，且坝顶沉降和隆起继续快速发展，此时没有观察到坝底有明显的变形，如图 3-6 所示。

图 3-5　第一台摄像机记录到坝体中间位置的初始变形

图 3-6　距左侧约 1/3 位置的坝体隆起，（照片右侧）第一台摄像机在
第一次记录到坝体变形后约 0.2s 的变形

在第一次观测到坝顶变形后约 5s，坝顶进一步沉降，坝底以上出现隆起，尾矿似乎从右坝肩约 1/3 处的坝底喷出，如图 3-7 所示。第二次观测时尾矿从坝底

喷出，坝面在隆起的区域开始破坏，如图 3-8 所示。

图 3-7　第一台摄像机在第一次记录到坝体变形后约 5.5s，
坝体持续沉降，坝底向上隆起（照片左侧）

图 3-8　第一台摄像机在第一次记录到坝体变形后约 5.8s，
坝体大范围沉降和坝底隆起

图像清楚地表明，当破坏范围横跨大坝表面的大部分区域时，坝底就开始出现全面溃决，从坝顶延伸到坝底上方，如图 3-9 所示，坝体破坏的深度相对较浅。

图 3-9　第一台摄像机在第一次记录到坝体变形后约 6.7s，坝底开始全面溃决

随着坝体整体向下游移动，破裂面以快速滑移的形式退回到储存的尾矿中，如图 3-10～图 3-12 所示。第一台摄像机之后拍摄的溃坝图像被上方升起的尘埃所遮挡。

图 3-10　第一台摄像机在第一次记录到坝体变形后 11s 的溃坝图像

图 3-11　第一台摄像机在第一次记录到坝体变形后 18s 的溃坝图像

图 3-12　第一台摄像机在第一次记录到坝体变形后 6 分 25 秒的溃坝图像

第二台摄像机所拍摄图像证实，最初的溃决相对较浅，开始于峰顶之后。第二台摄像机还清楚地显示了溃坝的方向，坝顶滑动面在地表附近，如图 3-13 ~ 图 3-17 所示。第二台摄像机还显示，在坝体溃决后的尾矿料变成了重力势能较大的流体。

图 3-13　第二台摄像机所记录到的第一次坝体变形之前的图像

图 3-14　第二台摄像机记录到的坝体中心部分的初始沉降的图像

图 3-15　第二台摄像机在第一次记录到坝体变形后 60s 坝体开始溃决的图像

　　专家组对视频开展了进一步的分析，将 4s 的溃决过程设置成 120 帧，如图 3-18 所示。分析结果显示，坝顶似乎先是向下变形，然后在 0.1s 后，在坝底上方开始向外凸出。随之而来的是脚趾上方区域最初的向上变形，随着坝顶

图 3-16　第二台摄像机在第一次记录到坝体变形后 98s 溃坝图像

图 3-17　第二台摄像机在第一次记录到坝体变形后 7 分 44 秒溃坝图像

的垂直下降，其迅速转变为向下变形。约 4s 后，坝坡出现完全破坏。

　　专家组分析了溃坝当天从附近地震仪获得的地震记录数据。地震记录显示，在第一次观测到与坝体破坏相关的变形前约 28s 就开始出现低振幅震动。发生在

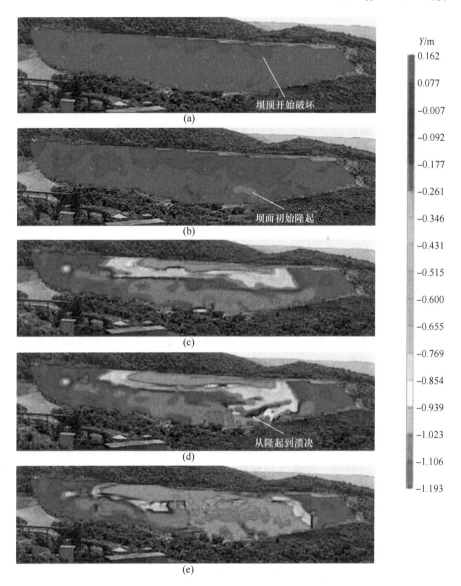

坝顶开始破坏
(a)

坝面初始隆起
(b)

(c)

从隆起到溃决
(d)

(e)

图 3-18 Ⅰ号尾矿坝的溃坝破坏过程

(a) 坝顶中间观察到变形; (b) 观察到变形后 0.2s, 显示坝体表面出现隆起;
(c) 观察到变形后 1.4s, 显示坝体加剧破坏; (d) 观察到变形后 2.4s, 显示坝体
塌陷范围扩大和坝体隆起显著; (e) 观察到变形后 3.6s, 显示坝体表面继续隆起

整体溃坝破坏出现之前的低振幅振动似乎是大坝内部材料强度下降引起的, 发生在整体溃坝破坏出现之前。这些振动不具有自然地震或爆炸的特征。在观察到溃坝约 6min 后记录到了爆炸, 详见调查报告附录Ⅰ。

3.3.2 溃坝的影响

如调查报告附录 D 所示，激光雷达（LiDAR）被用来确定前后的体积，并表明了大约 970 万立方米的尾矿料向下游溃决，溃决体积约占总体积的 75%。溃坝前最大尾矿堆积高度约为 76m，溃坝冲蚀了坝体中部 3m 的天然地层。

溃坝事故导致超过 250 人丧生，其中大多数是该矿的雇员。该矿的食堂和行政办公室，以及 3 辆机车和 132 辆货车，都被埋在了矿区。泥砂流摧毁了 Feijão 矿区的部分地区，包括附近的一家旅馆和几处村民的房产，以及部分铁路桥梁和约 100m 的铁路轨道。尾矿坝下游山谷的农业区也受到了破坏。

3.3.3 地震液化

地震作用导致尾矿库发生溃坝的作用机理主要表现为地震导致尾矿砂液化，使得尾矿材料强度弱化，造成尾矿坝失稳。尾矿坝堆筑材料相对疏松，尾矿坝体浸润面以下为饱和砂，在地震荷载作用下，可能会出现振动液化现象，鉴于整个坝体中土性不均匀、孔压发展不一致，液化从局部开始，局部液化将产生应力和变形的交换，致使非液化土体孔压上升、强度降低，最终可能导致坝体流滑破坏。尾矿坝流滑破坏之前，坝体内部通过流滑来扩散局部应力，并且有可能形成较大的薄弱层，随着地震荷载作用和液化程度加剧，薄弱层最后贯通，直至尾矿坝整体失稳。在这种机制下，地震对尾矿坝稳定性的影响主要表现在使尾矿液化，即其物理力学指标的弱化。同时地震作用下尾矿坝惯性力增大了潜在滑动楔体的滑动力矩，加剧了尾矿坝滑动破坏。此外地震作用下尾矿坝在静力变形的基础上，将发生残余变形，使坝体出现较多的局部纵向或横向裂缝，并形成渗漏通道，对坝体结构造成破坏，降低尾矿坝整体稳定性，同时尾矿坝的变形可能会导致尾矿库的溢流塔、坝体内部排渗体等构筑物的破坏，影响尾矿坝的排渗性能，造成浸润面的抬升，影响坝体稳定性。目前尾矿坝的动力稳定分析方法一般有两种，即拟静力法及动力时程分析法。拟静力法是一种用静力学方法近似解决动力学问题的简易方法，由于其简单易行而被广泛应用，我国《尾矿坝安全技术规程》（AQ 2006—2005）规定地震烈度为Ⅶ度以下区域的尾矿库可采用拟静力法计算尾矿坝的动力稳定性。但是，该方法不能用于地震时土体刚度有明显降低或者产生液化的情况。尾矿库动力时程分析主要包含尾矿库的液化分析和动力稳定性分析，液化分析模型主要有总应力法和有效应力法。

饱和的尾矿砂受到地震引起的振动作用后，尾矿颗粒重新排列，体积缩小、孔隙减小，孔隙压力迅速增大，致使有效应力减小甚至消失，当有效应力完全消失时，尾矿颗粒最终处于悬浮状态，此时抗剪强度为零，形成"液体"。

尾矿坝发生地震液化应具备以下 3 个条件：

（1）尾矿砂的物理性质。细粒尾矿较容易液化，$d_{50} = 0.01$mm 左右的尾砂抗液化性能最差；不均匀系数越小，抗液化性能也越差；相对密实度 D_r 越高，越不易液化；颗粒胶结程度越好的尾砂越不易发生液化。

（2）饱和砂层埋藏条件。上覆土层越厚，上覆有效压力越大，越不易发生液化；同时，排水条件良好，孔隙水可以及时排出，也可以减小液化发生的可能。

（3）地震强度。地震强度越高，持续震动时间越长，越容易液化。

基于以上三点考虑，可以通过改良砂土性质，改变颗粒级配、降低饱和度、改善应力条件、消散孔隙水压力、提高有效应力等措施来防止液化。

3.4 调查方法

专家组的调查涉及以下 3 个问题：

（1）为什么会发生流滑？

（2）是什么触发了尾矿库溃坝？

（3）溃坝时为什么会引起流滑？

本节内容先说明流滑现象，即其是一种被称为流动液化的现象。然后解释专家组评估第二个和第三个问题的方法，这些问题涉及溃坝的触发因素。

3.4.1 为什么会发生流滑？

如上所述，溃坝视频提供了破坏机制的清晰图像，揭示了尾矿坝破坏发生在坝体内，是由于尾矿材料强度的突然下降。

起始的坝体滑动面似乎相对较浅，从坝顶一直延伸到坝底稍高的地方，并且延伸到大约坝体 80% 的区域。坝顶几乎垂直下降，而略高于坝底的区域向外凸出。I 号尾矿坝出现失稳破坏是在坝坡开始变形后大约 10s。在第一次坝坡变形发生后，随后的变形破坏相继发生，逐渐延伸扩展到整个坝体。每个破坏区域相对较小，并且大约每 10s 发生一次快速且连续的破坏。第一台和第二台摄像机记录了尾矿坝失稳的全过程。而根据视频资料，这种破坏是坝体材料内部的流动液化造成的。

3.4.2 什么是流动（静态）液化？

土体液化的现象已被人们熟知，Terzaghi 和 Peck 在 1967 年提出"液化作用"（spontaneous liquefaction），用来描述非常松散的砂土由于轻微的扰动其强度突然下降，从而引起坝体的流动滑坡。流动液化也被称为"静态液化"。然而，由于这种现象可以由静载荷或循环载荷引发，所以"流动液化"一词更为常用。流动液化可以发生在任何饱和或接近饱和的非稳定土体中，如非常松散的砂土和粉土以及敏感的黏土。在挪威和加拿大东部的黏土以及在尾矿中都观察到土体的流动液化现象。对于诸如边坡或大坝等土体结构，坝体材料必须有足够的强度来抵抗液化时土体强度的下降。由此产生的破坏可以是滑动或流动，这取决于土体性质和所在地形。由于坝体自身重力的作用，其强度下降可能引起坝体变形。

土体是由颗粒组成的，而剪切强度主要是由这些颗粒之间的摩擦力决定。剪切强度的大小取决于土颗粒之间的正（有效）应力，而正（有效）应力又取决于土的自重（即上覆应力）和孔隙中的水压力。有效上覆应力越大，抗剪强度越高。当土体处于饱和状态时，其孔隙水压越高，抗剪强度越低。对于边坡工程，导致潜在不稳定性的剪切应力也是由土体自重决定，其坡度越陡，土体越重，驱动剪应力越大。

土体颗粒之间存在孔隙。颗粒可以在加载或卸载（剪切）下移动，土体孔隙可以在体积上减少（松散土的压缩）或增加（致密土的膨胀）。流动液化过程中的强度下降是由于土体在剪切时经历快速的体积收缩。快速的体积收缩实质上是土体结构的内部坍塌。当到达一定深度后，土体的孔隙中充满了水，并且当土体重力呈现出快速增长时体积收缩发生得很快，土体上的压力转移到地下水中，导致水压力迅速上升。水压的迅速上升导致土体颗粒之间的有效正应力迅速降低，此时颗粒基本上在水中处于漂浮状态。这种土体颗粒之间有效正应力的下降会导致土体剪切强度的迅速下降。

流动液化会导致强度的下降。在加载或卸载时，会引起土颗粒之间的滑动，从而出现快速的体积收缩。坝体因流动液化而引起坝体失稳破坏，需具备以下条件：

（1）松散的饱和材料在荷载作用下有快速体积收缩的趋势，导致散体材料不排水强度的下降（液化）；

（2）相对于液化不排水强度，坝坡中的高剪应力可能导致材料强度的下降，从而引起溃坝；

（3）足够多的松散饱和材料可能导致坝体整体的不稳定性。

3.4.3　溃坝的潜在触发因素

有许多因素可以触发坝体的流动液化。以下是专家组认为的潜在触发因素：

（1）快速加载，如施工或尾矿排放；

（2）快速循环加载，如地震或爆破；

（3）疲劳荷载，如反复爆破；

（4）卸载，如土体水位上升、地基层或软弱夹层的移动；

（5）内部出现侵蚀作用和（或）管涌；

（6）人类活动影响；

（7）地下水涌入造成的局部强度降低；

（8）地下水位以上非饱和带土体黏聚力和强度的下降；

（9）内部蠕变（在恒定载荷下随时间出现的变形）。

3.4.4　调查步骤

为了确定哪些因素触发了Ⅰ号尾矿坝的失稳破坏，以及为什么会发生溃坝，专家组采取了一系列步骤进行调查，概述如下：

（1）通过视频回放分析溃坝过程；

（2）查阅相关基础文件；

（3）询问相关人员；

（4）实地踏勘考察尾矿坝现场；

（5）调查在坝体变形之前的监测数据，如：

1）坝体变形测量，例如：测量标桩、测斜仪等；

2）对现有图像进行综合分析，例如：溃坝视频、地面雷达、激光雷达、卫星（InSAR和照片）、无人机拍摄的影像资料。

（6）了解尾矿坝材料的分布和条件；

（7）了解坝体材料的性质；

（8）了解水的作用；

（9）评估潜在的地震活动；

（10）探究人类活动对坝体稳定性的影响；

（11）数值模拟分析尾矿坝的稳定性，以探究和消除导致坝体失稳的触发因素。

3.5　Ⅰ号尾矿坝的历史

调查报告的附录A详细讨论了Ⅰ号尾矿坝的历史，包括设计和建造的各个方面。附录A列出了尾矿坝的选址和周边概况，以及坝体每次抬升的相关设计和建造资料。专家组了解尾矿坝的结构和特点，也总结了重要的活动和关键事件。

在尾矿坝溃决前进行了实地调查和室内实验测试，详见调查报告附录B。坝体安装的仪器和监测装置的详情及相关数据详见调查报告附录C。

3.5.1　设计方法和施工阶段

Ⅰ号尾矿坝是为了储存在 Córrego do Feijão 矿开采过程中产生的尾矿而设计的。Ⅰ号尾矿坝的基岩地层为带状片麻岩，岩层上覆盖腐殖岩、残留物和堆积土体。Ⅰ号尾矿坝位于矿山附近的一个山谷里，山谷型尾矿坝可以堆存更多的尾矿。由于修建了尾矿坝，其河谷底部的小溪被堵塞，因此需要一个设施将水从小溪输送到大坝下游的 Feijão 小溪。尾矿坝的建设和尾矿库的蓄水，阻断了作为地下水排放的河流。随着矿石资源的开采，尾矿坝中的地下水位逐渐增高。

从 1976 年到 2013 年，Ⅰ 号尾矿坝建设历时 37 年，分 15 个阶段建成，历经十级坝体抬升加高，详见表 3-1。图 19 为坝体的横截面示意图，其说明了 Ⅰ 号尾矿坝坝体抬升过程和阶段。如图 19 所示，第四级坝体抬升与前三次坝体抬升相比有明显的退台（setback），此退台（setback）设计矫直了坝轴线。退台（setback）降低了坝体的整体坡度，但将尾矿坝的后期坝体移到了颗粒较细且强度低的细尾矿上，并使库水更靠近坝前。靠近坝前的水也可以限制尾矿的沉积和尾矿的固结。该尾矿坝 2013 年之后没有进行坝体抬升，2016 年 7 月停止了尾矿排放。

Ⅰ 号尾矿坝是采用上游式筑坝的，每个台阶都是在先前沉积和固结的尾矿基础上构筑台阶子坝。在大多数情况下，用于构筑台阶子坝的材料是从靠近坝顶干滩上的尾矿中获取的。当从靠近坝前干滩上挖取尾矿时，由于之后尾矿排放会快速充填整个挖掘区，由此充填的挖掘区将在未来易形成软弱滩面。

如图 3-19 所示，随着时间的推移，上游筑坝导致坝顶不断向上游移动，其坝体的总高度为 86m，最终坝顶高程为 942m，坝顶轴线长度为 720m。每级坝体抬升高度为 5~18m 不等。上游或下游的坡度从 1.5∶1 到 2.5∶1 不等，但大多数情况下坡度为 2∶1。

表 3-1　Ⅰ 号尾矿坝概况

时期	年份	抬升坝	顶面标高/m	坝高/m	工程设计公司	施工企业
1	1976	初期坝（第一级抬升坝）	874	18	Christoph Erb	Emtel
2	1982	第二级抬升坝	877	21	Tecnosan	Tercam
3	1983		879	23		Unknown
4	1984		884	28		Construtora Sul Minas
5	1986		889	33		Unknown
6	1990		891.5	35.5		Unienge Com. E Constr. Ltda.
7	1991	第三级抬升坝	895	39	Chammas Engenharia	Construtora Sul Minas
8	1993		899	43		Unknown
9	1995	第四级抬升坝	905	49	Tecnosolo	CMS Constr. S. A.
10	1998	第五级抬升坝	910	54		U & M
11	2000	第六级抬升坝	916.5	60.5		Constr. Dragagem Paraopeba
12	2003	第七级抬升坝	922.5	66.5		Construtora Impar Ltda.
13	2004	第八级抬升坝	929.5	73.5		Integral
14	2008	第九级抬升坝	937.0	81.0	Geoconsultoria	Integral
15	2013	第十级抬升坝	942.0	86.0	Geoconsultoria	Salum Enga

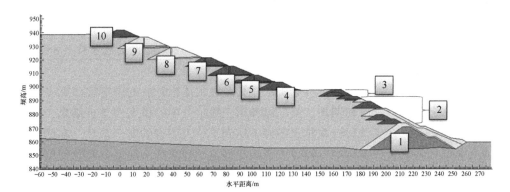

图3-19　Ⅰ号尾矿坝的横截面图（1~10指表3-1中抬升坝级别）

该部分内容是依据每级抬升坝设计所提供的图纸和文本概述Ⅰ号尾矿坝的主要设计特点和规模。由于未编制竣工图纸或无法进行审查，本章所述的许多设计特点和规模都是基于专家组对尾矿坝建造计划的理解，而不是对内容的确认。

3.5.1.1　内部排水系统

初期坝没有设内部排水工程，所以库水不能通过初期坝坝面渗出。当然，这可以降低作用于坝体的水压力，从而增加坝体的稳定性。设计要求是在初期坝的上游或下游斜坡上设置一层红土，通过这些红土层完成尾矿坝的排渗，但专家组没有找到任何关于排水设计或建造的记录。

除了第二级坝体抬升外，后面的每级抬升坝都设计了内部排水设施，目的是加速尾矿的固结脱水。对于第二级、第三级和第四级抬升坝，设计包括内部排水系统，通常包括在底部的水平排渗层，由烧结料或砾石和纵向收集管道组成，水被搜集后排到下游斜坡上的混凝土排水渠道中。对于第五级抬升坝和以后的抬升坝，设计中规定的内部排水系统包括垂直和水平排渗层，采用聚氯乙烯（PVC）管道建成L形状，旨在将排水引入养护工程下游斜坡底部的周边混凝土排水渠道中。

第二级、第三级、第四级和第五级抬升坝中的设计规定了上游斜坡上的低渗透层。第九级和第十级抬升坝中的设计规定，上游斜坡和护堤子坝的顶部将覆盖红土砾石。几乎所有设计文件都有规定，对于下游坝面应覆盖草皮，主要是为了防止坝面的冲刷侵蚀。

虽然大多数坝体抬升阶段都建有排水沟和排渗设施，但整个尾矿坝的排水量很小，因为上游的坝体是用低渗透材料建造的。除此之外，在最初建设期间，尾矿坝内部排水不足，导致坝体蓄水过多，致使水位过高。

3.5.1.2　稳定性

设计文件显示，在每次坝体抬升后都进行了坝体稳定性计算和相关的安全系数（FS）的分析。在坝体不同抬升阶段，坝体稳定性计算类型和复杂程度都有所不同。随着时间的推移，坝体通常会变得更加复杂，其稳定性计算采用的强度参数也随之发生变化。这些变化使得计算的不同抬升阶段的安全系数（FS）也发生了一些变化。

在坝体抬升后的稳定性计算分析中，第五级坝体抬升后的稳定性计算中考虑了不排水条件。基于对初期坝、第二级和第三级抬升坝的稳定性分析结果，设计报告得出结论，认为该设计在排水条件下达到了令人满意的安全系数。在第四级坝体抬升阶段的设计文件中，设计人员认为稳定性计算得出的安全系数值低于他们认为的理想值。此外，在设计和施工第四级坝体抬升阶段，在尾矿坝坝面观察到渗漏现象，表明设计人员认为这种情况"非常不利"，"认为尾矿坝不安全"。

第五级坝体抬升阶段的稳定性计算进一步确定了潜在的不稳定条件，包括动力液化导致不排水强度条件变化的可能性。第六级坝体抬升阶段的设计文件表明，稳定性计算是在假设材料表现出排水和不排水强度的情况下进行的。第六级坝体抬升阶段的设计报告也承认了高压力条件下的不稳定性，设计人员表示计算的安全系数低于规定值。对于第七级坝体抬升阶段，由排水和不排水条件下的稳定性计算得出的安全系数值，设计人员认为是较为稳定的。

第八级坝体抬升阶段的设计文件中没有稳定性计算的内容，在第九级和第十级坝体抬升阶段的设计文件中，对 10 个横截面进行了稳定性分析，并建立了一个渗流模型来估算坝体中的地下水位（即渗流条件）。

3.5.2　岩土工程调查

本节介绍各级坝体抬升阶段与设计有关的岩土工程调查。专家组不完全依赖早期调查中收集的数据，因为专家组认为这些数据没有得到充分完整的记录。2005 年、2016 年和 2018 年进行了几次全面的岩土工程勘察，见附录 B，详情将在本节讨论。

3.5.3　I 号尾矿坝的监测

下列仪器及监测装置被安装在 I 号尾矿坝：

（1）压力计和水位指示器（piezometers and water level indicators）；

（2）测斜仪（inclinometers）；

（3）流量计（flow meters）；

（4）测量标记（survey markers）；

（5）雨量计（rain gauges）；

（6）气象站（weather stations）；

（7）库水的水位计（reservoir gauge）。

以上监测仪器数据和溃坝前5年期间记录的数据详见调查报告附录C。测量标记（Survey markers）的数据见调查报告附录D，并将在第3.5节中讨论。

压力计和水位指示器（piezometers and water level indicators）：压力计主要是Casagrande型立管，立管底部测量区的长度约1m。压力计安装在不同的深度，大部分集中在坝体的中心区域。从1996年4月至溃坝期间，安装了113个数据可用的压力计，但并非所有的数据都足够可靠。在2018年9月之前，几乎所有的压力计都是每月手动读取的。在2018年8月，约一半的压力计借助预先放置在立管内的电传感器（压力传感器）进行了自动测量。截至2018年12月，依靠自动传感器每月进行读数。从2019年1月10日开始，自动测量的压力计被连接到数据采集器上，并以5min的间隔记录数据，直到尾矿库溃坝。

浅水水位指示器（shallow water level indicators）：安装在下游面和大坝附近，由一个开放的立管和一个测量区组成，已有50个水位指标的数据，有些数据可以追溯到1995年，但并非所有的数据都足够可靠，超过40个水位指标在不同的时间间隔被记录。

测斜仪（inclinometers）：数据报告了6个有效测斜仪，安装在初期坝和尾矿坝坝体上。这些测斜仪的数据是手动读取的。2016年5月至2018年12月期间记录了2台测斜仪的数据，在此期间大约每隔一个月进行一次读数。其余4台测斜仪于2018年12月初安装，并于2018年12月底仅测量了一次，无法确定相对测量值。测斜仪的数据显示没有明显的相对或绝对变形。

流量计（flow meters）：流量计用于测定从坝体排水系统中排放到地表排水渠道的水流量。早在1990年就在50多个排水渠道中安装了流量计，这些流量计的数据显示，尽管坝体的地下水位很高，但排出坝体的流量相对较小，这表明这些地表排水渠道收集的是地面的水，而不是整个坝体内部排水系统的水。

除了施工期间安装的相对较浅的排水沟外，2018年安装的深层水平排渗管（DHPs）的数据也是可用的。这些在2018年5月至7月和2018年10月至12月的测量数据显示，从深层水平排渗管（DHPs）流出的流量在每小时2.6m³至每小时7.3m³之间（见调查报告附录C）。

雨量计和气象站（rain gauges and weather stations）：雨量和气候数据可以从位于坝体附近的多个雨量计和气象站获取，由淡水河谷公司或巴西联邦政府进行监测。雨量和天气数据用于计算坝体内的水流量，见调查报告附录C和附录G。

库水的水位计（reservoir gauge）：安装了一个库水水位计来测量尾矿坝内蓄水区的水位高度。在2006年至2017年间采用人工测量库水位。据了解，当尾矿库不再排放尾矿后，尾矿坝的库水位逐渐下降，后期可以通过库水的水位计来测量库水水位。

3.5.4 尾矿停排后的活动

在 2013 年完成第十级坝体抬升后，未再进行 I 号尾矿坝的坝体抬升，2016 年 7 月之后停止了尾矿排放，但仍进行了一些活动和观测记录，并提供了 2016 年 7 月后 I 号尾矿坝的运行状况的相关信息。本部分介绍了第十级坝体抬升工程完成后涉及的相关活动和事件，涉及地表水管理、安装深层水平排渗管（DHPs）、渗漏事件和钻探工作，详见调查报告附录 A。

3.5.4.1 地表水管理系统

在 2016 年 7 月至溃坝发生期间，地表水管理就涉及尾矿库蓄水区库水和尾矿坝坝面水的管理，以便将库水从坝体内输排出去。

自从 2016 年 7 月 I 号尾矿坝停止排放尾矿以来，企业一直在努力清干尾矿坝的库水。2016 年 5 月以后，通过向排水井抽水，库区蓄水的水量显著减少，致使蓄水区积水深度变浅，库水水面也远离坝前。2018 年，尾矿坝库区的排水工程已经完成。在之后的运行过程中，有各种库水的排水工程的维护和修理报告。在事故发生前的几个月里，有报告称坝体的水泵不能工作并进行了修理。还有报告称，用于靠泵输水到泄洪塔的管道断裂并进行了修复。

尾矿坝设计了地表排水设施，以便从大坝坝面排水。地表排水系统由一系列混凝土排水沟组成，将水从水坝的侧面排到小溪里。维护工作包括定期清除排水沟中积累的沉积物和重建地面排水沟。特别是在 2018 年，清理了几条排水沟的淤泥，进行了分级，以改善几个区域不畅的排水系统，并清除了植被，以防止排水量受到限制。2018 年 7 月，阻止坝外水直接进入尾矿库的截水工程完工，目的是分流进入尾矿坝的水。截水工程和引水系统的完善工程一直持续到 2018 年底，详见调查报告附录 A 和附录 D。

此外，作为加强地表水管理工作的一部分，在 2018 年 9 月至 12 月期间重建了两条排水渠。其中一条排水渠位于大坝左坝肩附近，另一条排水渠位于 DHP15 附近。

3.5.4.2 深层水平排渗管

从 2017 年年末开始，设置深层水平排渗管（DHPs）的目的是降低坝体水位，以提高坝体稳定性。深层水平排渗管（DHPs）的设置包括以下步骤：

（1）采用一次性钻头，对压实的坝坡以 5% 的向上角度进行钻探；

（2）然后引入套管，并使用水扩大钻孔，直到实现清水出流，水被导向下坡的地表排水沟渠中；

（3）然后安装一个 50mm 的 PVC 水平排渗管，然后在前 25m 用水泥/膨润土混合物灌浆。

钻机的钻进深度可达到 100m，钻机的工作压力可达 600kPa。坝体中的尾矿强度低，只需要很小的扭矩就可以推进钻头。推进钻头主要是通过压力（空气/水）来实现，稍微旋转可以减轻杆的摩擦阻力。然后在工作压力上加约 400kPa 的恒定水压，使总压力达到 1000kPa，以使钻进深度超过 40m。

深层水平排渗管（DHPs）的安装时间为 2018 年 3 月至 2018 年 5 月，目前已安装了 13 个深层水平排渗管（DHPs）。在第四次坝体提升过程中，最初的 8 个深层水平排渗管（DHPs）安装于坝脚处。在第八次坝体提升中安装了 2 个深层水平排渗管（DHPs），在第六次坝体提升中安装了 1 个深层水平排渗管（DHPs），但是这 3 个深层水平排渗管（DHPs）几乎没有任何流量记录。2 个深层水平排渗管（DHPs）安装在坝体的坝趾附近：1 个安装在右侧，另 1 个安装在左侧。现场测井资料可供审查，结果表明，所有深层水平排渗管（DHPs）都没有达到最初设计的长度（即 100m），大部分的长度在 60m 左右，最大的长度也不过 80m。深层水平排渗管（DHPs）的流量记录见附录 C。

2018 年 6 月，开始安装剩余的深层水平排渗管（DHPs），据报告，在第四次坝体抬升中安装的 DHP14 没有出现问题。然而，2018 年 6 月 11 日在 DHP15 的安装过程中，观察到以下情况：

（1）钻进工作于当地时间上午 8 时 20 分左右开始，一直进行到中午，钻进深度为 83m；

（2）当地时间下午 1：00 继续钻进，套管长度达到 61m；

（3）钻探工作在当地时间下午 2：00 至 4：30 之间停止，原因是在钻孔从堤坝材料穿过到尾砂时，发现钻孔内的压力出现异常；

（4）钻杆周围的泥砂发生塌陷垮孔，钻杆在钻井中丢失；

（5）钻孔中有泥砂流（含有细颗粒尾矿的水）；

（6）钻孔左侧约 15m 处溢洪道附近出现渗漏和地面溢流；

（7）向孔内灌入水泥混合物，套管留在原地；

（8）事件发生后不久，邻近的 PZM-7 和 PZM-9 测压计的压力分别上升约 0.6m 和 3.5m；PZC-16 和 PZC-24 也显示了压力的低增长，增加约 0.3m 的压力。

当以上情况发生之后，深层水平排渗管（DHPs）的安装活动就停止了，技术人员工作了大约 3 天，通过清除积水和使用沙袋来补救。该地区每 30min 进行一次监测，包括晚上，直到所测水压在几个小时内恢复正常。在安装 DHP15 的地点附近发现并清除了一个堵塞的管道。在距离 DHP15 的位置大约 20m 处发现了另一条堵塞的管道；当这条管道被疏通后，DHP15 的流量显著减少，DHP15 附近的管道流量也显著减少。几天之内，报告显示 DHP15 区域附近的水流明显下降。在这次事件之后，在观察到地表水流的地方安装了一个倒置的过滤器。在 DHP15 事故发生后，没有安装其他的深层水平排渗管（DHPs）。

专家组对 2018 年 6 月 11 日附近地震仪记录的数据分析表明，当地时间下午 1：36 左右记录到了低振幅的地面振动（见调查报告附录 I）。这些震动记录的振幅与 2019 年 1 月 25 日地震前记录的地面振动相似。然而，这两个事件是否有相似的原因还不确定。记录到的振动非常小，可以归因于大概率的事件。鉴于深层水平排渗管（DHPs）所监测的时间已知，2018 年 6 月 11 日记录的振动可能反映了 DHP15 引起的局部管道断裂以及一些局部强度下降。2019 年 1 月 2 日，发生溃坝前不久，记录的振动反映了坝体材料强度的下降，这可能与坝体内部开始失稳破坏有关。

3.5.4.3 渗流

如前所述，尾矿坝设计包括了横向和地下的排水系统。这些排渗设施的水流收集到地表排水沟渠和管道中，并通过流量计进行监测，详见调查报告附录 C。

在该尾矿坝的历史中，不同时期都有渗水的观察和报告。例如，早在 1983 年就有第二级坝体抬升后的坝面渗水的报告，而在第四级坝体抬升的设计中，有关第一级坝体抬升后的渗水报告。在 2006 年第九级和第十级坝体抬升设计时，在第四级抬升坝坝趾附近的下游坡面上观察到渗漏现象。

根据相关的报告，自从第四级抬升坝体开始施工以来，坝体下游面的底部经常出现渗水现象。然而，在第十级抬升坝蓄水工程竣工后，尾矿坝的年度技术安全审计显示，直到 2018 年左右才发现渗漏问题。2018 年的一次审计表明，从 2018 年 10 月初开始，尾矿坝的渗漏从"良好"向"中度违规"过渡。

2018 年 7 月，I 号尾矿坝的坝体性能评估结果表明，在地表排水系统建造期间，观测到坝体中部有水。从 2018 年 1 月 1 日到 2019 年 1 月 25 日发生溃坝期间，发现了大量的渗漏事故，随后也采取了阻漏措施。然而，对同一时期的数据（包括测压计和流量计的数据）分析表明：溃坝前一年可能导致渗漏事故的条件没有发生变化。因此，在此期间，渗漏报告的增加很可能是由于淡水河谷公司内部所决策，而不是根据实际渗漏条件做的具体调整。

3.5.4.4 溃坝时的钻进工作

在溃坝时，两个与钻探相关的项目正在现场进行。第一钻探任务是"As-Is"项目，这是一个地下勘探项目，旨在收集有关坝体和原始地层材料属性的信息。第二个任务是安装仪器设备，为尾矿坝的闭库做准备。根据现有记录，作为"As-Is"项目的一部分，在 2018 年 12 月 11 日至溃坝当天，共完成了 8 个钻孔；在溃坝当天，还有一个钻孔（B1-SM-21）正在进行中。这些钻孔显然是为了调查该地区的原始地层条件。作为项目的一部分工作，在 2018 年 10 月至溃坝之间完成了 9 个钻孔，其中 4 个钻孔安装了新的测斜仪，5 个钻孔安装了多个电子（振动线）测压仪，详见调查报告附录 A。

在溃坝事故当天，正在尾矿坝第八级抬升坝坝顶中部进行第 10 个钻孔

（B1-SM-13）的工作，以安装新的测压仪。对于 2019 年 1 月 25 日发生的活动，没有钻探日志或其他钻探报告。根据现有记录，BM-SM-13 钻孔于 2019 年 1 月 21 日开始。

据报道，在发生溃坝事故的前一天，钻探工作的起始高程为 929m，底部高程为 863.5m，钻进深度约为 65.5m，这也可能是事故当天整个钻探工作的深度和高程。此外，据报道，在溃坝事故发生的前一天，钻探作业采用了旋转钻进方法，钻进中需要水反复循环，该钻孔的钻探作业与所有其他钻进作业一致。即在水位以下，用套管支撑钻孔穿过尾矿。在发生溃坝时，钻井工人上午大部分时间都在工作，在前一天钻进的基础上，很可能将钻孔又钻进了 15m，深度达到约 80m。根据这个深度，预计在前一天结束时或溃坝当天钻孔已到达自然地面。之前的 9 个钻孔也是用同样的方法钻进，并穿过尾砂延伸到原始地面，其他钻孔钻井中没有发现任何溃坝的危险迹象。

3.6 I 号尾矿坝溃坝前的变形

专家组进行了详细的分析，以确定 I 号尾矿坝在溃坝前是否有任何变形。分析的数据见调查报告附录 D。综合分析是利用现有数据完成的，包括地形（topographic）、调查（survey）、地面雷达（ground-based radar）、卫星（inSAR）、视频（video）和无人机（drone）。

沿坝顶有 14 个测点（棱柱体），大约每月进行一次人工测量。大坝总共安装了 8 台测斜仪，其中 6 台测斜仪在溃坝发生前处于正常工作状态。2 台测斜仪仅有 2016 年 5 月至 2018 年 12 月的数据，而另外 4 台测斜仪是在 2018 年 10 月至 11 月期间安装的，只在 2018 年 12 月下旬测量了一次数据。两个有数据的测斜仪只能在两个方向上手动读取，大约每隔一个月进行一次人工读数。人工测量和测斜仪都不能检测到小的变形，在测量变化范围内也没有检测到明显的变形。

从 2018 年 3 月到溃坝发生时，I 号尾矿坝的地面雷达数据可用。雷达安装在距坝面约 1000m 的库区，每 3min 收集一次数据（每天 480 次扫描）。制造商提供的仪器精度是每月 3mm（即每年 36mm）。在溃坝发生前生成的雷达变形图显示出每月高达 700mm 的大变形。经过对雷达数据的查阅和重新分析，这些并非真正的坝体变形，而似乎主要是"噪音"对雷达干扰后的探测结果，由于雷达对坝面水分的敏感性，如植被和土壤中的水分、大气湿度，再加上雷达快速的扫描频率，这些都不利于滤除噪声。对尾矿坝下游不受植被等影响的混凝土地表排水渠的雷达数据分析，未发现有明显变形。专家组还分析了每 24 小时"缓慢移动"雷达数据的图像，这种方式更有可能降低噪音水平，从而提供更准确的数据。在 2018 年 3 月至 2018 年 12 月期间，这种"缓慢移动"雷达数据的分析没有发现大的变形。

2018 年 6 月 11 日，在 I 号尾矿坝上 DHP15 位置以上 35~55m 的中段，雷达数据记录了微小、快速的变形。由于这些变形是快速的，而且发生在相对较短的时间内，所以检测到的变形被认为是可靠的。在靠近 DHP15 时，记录到最初的正变形（向外）高达 6.4mm，平均变形 2.4mm，其次是负变形（向内）高达 14.1mm，平均变形 3.9mm。从 DHP15 开始，只记录正变形，最高达 8.3mm，平均为 3.6mm。雷达数据对这些变形的记录更加可靠，主要原因在于这些变形发生得相对较快，从而减少了噪声的影响。

2019 年 1 月，雷达探测到大坝下部向左坝肩方向的轻微变形，但这与雷达可探测到的最小速度太接近，无法确定是否为实际变形。此外，雷达报告的这些变形与卫星 InSAR 报告的变形并不相关。在尾矿坝现场条件下，如植被覆盖的坝面，潮湿的气候，以及设备操作和处理程序，地面雷达无法探测到坝体上小的缓慢变形。

专家组获得并使用 InSAR 数据来评估坝体的变形情况，以及坝体溃决前一年的尾矿坝数据。与地面雷达（ground-based radar）相比，InSAR 使用的雷达波长较长，使得结果对水分的敏感性较低，产生的噪声较小，因此 InSAR 图像提供的精度要高一个数量级。对 InSAR 数据的分析表明，尾矿坝坝顶和中高位置附近有较小的向下变形，变形量不超过每年 30mm。分析表明，在坝体中下部区域，变形较小，每年最大变形可达 36mm，变形方向主要为向下。图 3-20 显示了尾矿坝中部区域溃坝前 12 个月的季度变形速度。此图还表明，靠近坝顶的主要是垂直变形，而靠近坝脚的变形有一个轻微向外的水平分量。在此期间，大坝坝趾附近的水平变形（东西向）大部分小于每年 10mm，但也有局部区域的水平变形可达每年 30mm。由于 InSAR 数据的变形矢量不包括南北分量，因为上升轨道和下降轨道的视线几乎垂直于该方向，因此可能是对实际变形值的不可靠估计。InSAR 和降雨量数据的比较表明，在雨季变形会有所增加。InSAR 观测到的变形太小，速度太慢，难以通过调查、测斜仪和地面雷达可靠探测。锥贯试验（CPTu）的数据显示，尾矿坝内的尾矿已经完全固结。因此，大坝的这种变形与大坝缓慢、长期的沉降相一致，可能是持续的内部蠕变的结果，而不能预示尾矿坝的失稳破坏。

尾矿坝的竖向变形较大，最大可达每年 140mm。根据现有资料，细粒尾矿的持续固结沉降很难与坝体变形分开。然而，由于这些变形大多是垂直的，而且离山体很远，它们很可能主要是长期固结导致的。

在溃坝 7 天前，一架无人机拍摄的坝体高质量视频图像显示，坝体没有坍塌的迹象，也没有严重渗漏的迹象。

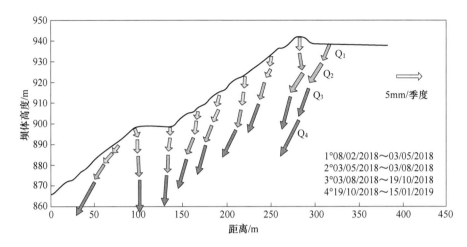

图 3-20　截面显示失稳前四个季度的变形向量

3.7　尾矿材料特性

在 2005 年至 2019 年期间，进行了几项重要的岩土工程研究，以确定尾矿坝内部材料的特性。这些研究包括钻探（drilling）、取样（sampling）、锥贯试验（CPTu）、现场十字板剪切试验（FVT）和原位剪切波速（V_s），以及安装了相关的仪器设备。还对试样样本进行了室内实验测试，详见调查报告附录 B。

专家组在溃坝事故发生后进行了实地调查和新实验测试，以补充历史数据。并提供尾矿库溃坝前的尾矿材料分布、材料性质和材料黏度等综合数据。目的是根据现场和实验室数据确定参数，进行坝体稳定性和变形分析，模拟溃坝前的条件，并搜寻潜在的溃坝触发因素。该部分的内容主要参照历史数据和专家组获得的数据，从而得出一些主要结论。

3.7.1　历史数据

3.7.1.1　现场数据

2005 年至 2019 年期间进行了岩土工程勘察。这些勘察的一个重要部分是大量的锥贯试验（CPTu），它提供了坝体地层分布的详细情况。由于设备条件的限制，2005 年的锥贯试验（CPTu）作业深度一般较浅。然而，2016 年和 2018 年进行的锥贯试验（CPTu）效果较好，往往能贯穿整个坝体。2016 年和 2018 年的锥贯试验（CPTu）还包括大量孔压消散试验（dissipation tests），这些试验提供了有关土壤类型和等水头线（equilibrium water pressure profiles）。图 3-21 显示了在坝体上布设的锥贯试验（CPTu）位置和本研究将采用的主要横剖面和纵剖面图。

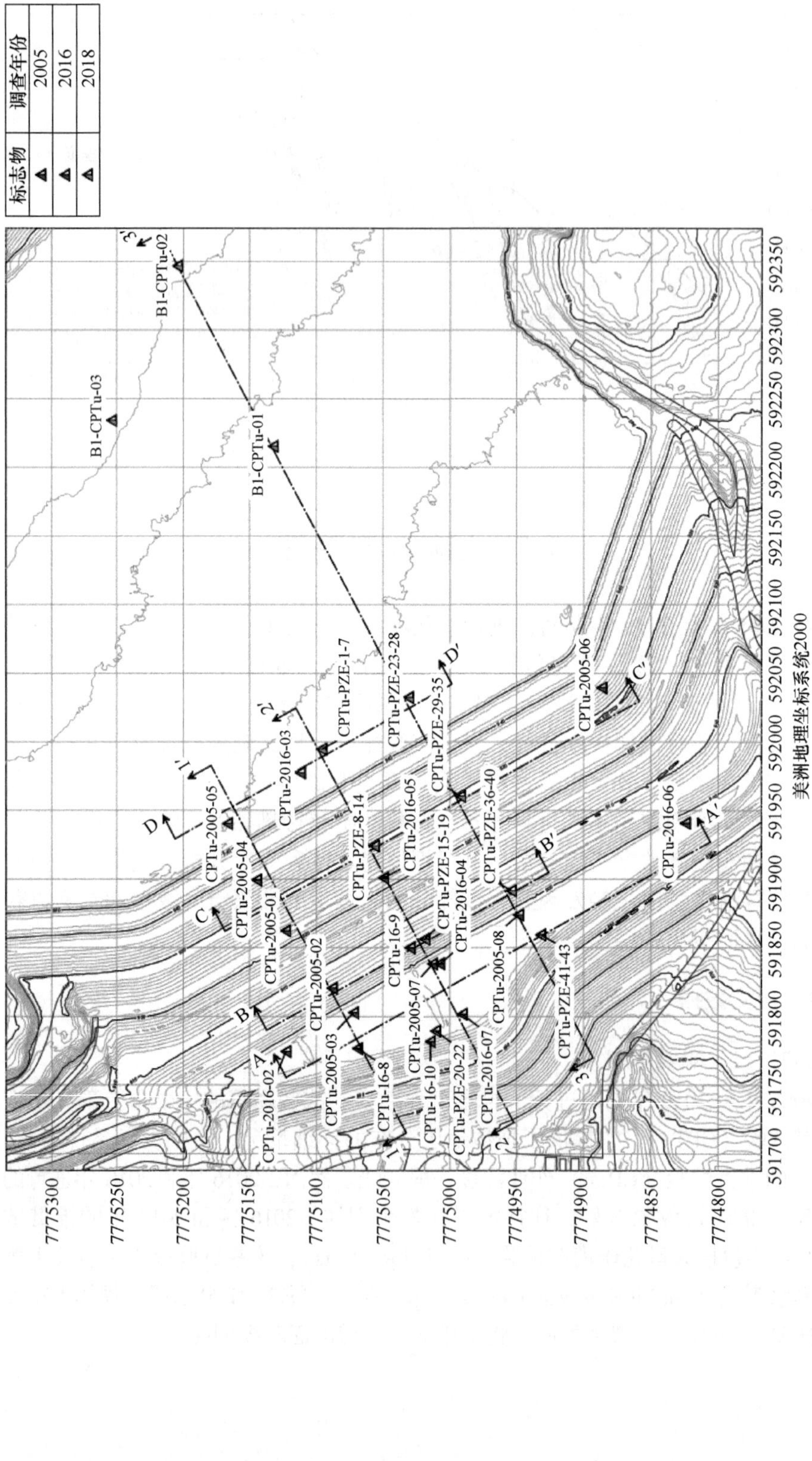

标志物	调查年份
▲	2005
▲	2016
▲	2018

图3-21 2005年、2016年和2018年锥贯试验（CPTu）的布设图

美洲地理坐标系统2000

上游式筑坝的概念是形成一个由粗粒尾砂和细粒尾砂自由沉积而成的滩面，并在库尾区沉积尾矿泥。从航拍照片和卫星图像可以清楚地看出，在尾矿坝的使用期间，坝体滩面长度变化很大，更多的细粒尾砂沉积在以前的坝顶位置附近，导致坝体下部出现了一层层的细粒尾砂层。锥贯试验（CPTu）剖面证实了这一点，表明坝下材料为粗细尾砂互层。图 3-22 所示的锥贯试验（CPTu）表明：坝体主要以粗尾砂为主，其细尾砂层较薄，坝体由粗、细粒夹层尾砂组成。图 3-22 显示了 2018 年尾矿坝第八级坝体抬升后坝顶中部的锥贯试验（CPTu）剖面图（PZE-29-35）。这一剖面几乎贯通了整个坝体深度，在高程约 872m 处接触到原始地层。图 3-22 所示的锥贯试验（CPTu）显示了坝体以粗尾砂为主，细尾砂层较薄的情况。

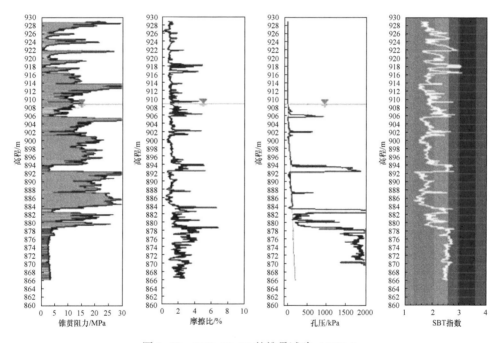

图 3-22 PZE-29-35 的锥贯试验（CPTu）

为了了解尾矿的分布情况，将坝体材料按材料强度相近和锥贯试验（CPTu）相似的区域行为进行分组。一般来说，粗尾矿的细粒含量较低，其物质指数（I_c）小于 2.6，而细尾矿层的细粒尾矿含量较高，其物质指数（I_c）大于 2.6。

锥贯试验（CPTu）表明，坝体水位普遍较高，特别是在坝体的下游区域。锥贯试验（CPTu）过程中，粗尾砂基本处于自由排水状态，而细粒尾矿基本不排水。孔压消散试验（dissipation tests）主要在细粒尾矿中进行，消散速率较快（如 50% 消散时间，$t_{50} < 400s$），由此产生的孔压呈下降趋势。通常而言，水压力的变化率约为静水压力的 50%。较快的消散速率表明：细粒尾矿主要由更细的

粉砂级尾矿颗粒组成。在水位以下的尾矿呈饱和状态，具有连续的水力梯度，没有探测到上层滞水层。

2018 年，在库区内对尾矿泥进行了两次锥贯试验（B1-CPTu-02 和 B1-CPTu-03），结果表明尾矿泥是一种相对均质、非常软且能正常固结的黏土状材料。尾矿泥的消散试验表明，它们基本上完全固结，且无超孔隙压力。尾矿泥中测得的 t_{50} 值（$t_{50} > 1000s$）比之前测得的坝体细粒尾矿的记录值大很多。在库区和坝顶之间进行了一次锥贯试验（B1-CPTu-01）结果显示：细粒尾矿上覆盖着尾矿泥层。细粒尾矿的消散时间（t_{50}）与坝体中细粒尾矿中记录的消散时间相似。

锥贯试验（CPTu）结果表明，松散尾矿在应力作用下表现为压缩，与尾矿水力沉积效果一致。图 3-23 为改良类型的锥贯试验样例（PZE-29-35），该图说明水位以下的尾矿（在海拔高程 910 ~ 878m 之间收集的尾矿）在大应变下具有压缩性。图 3-23 所示的锥贯试验（CPTu）数据，使尾矿的对应的高容重和测量的下降压力梯度进行归一化。

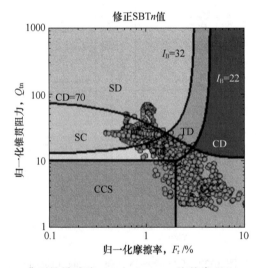

图 3-23 典型锥贯试验（PZE-29-35，海拔高程 910 ~ 878m）

现场十字板剪切试验（FVT）于 2005 年和 2016 年主要在细粒尾矿层中进行。由于细粒尾矿的渗透性相对较高，在一定程度上 FVT 的结果可能受到部分排水的影响，不太可能提供可靠的尾矿不排水强度的估值。尽管从 FVT 中获得的单个强度值可能不可靠，但结果始终显示出试验尾矿中显著且快速的强度下降趋势。

以前的调查还包括少量的随深度进行的原位剪切波速（v_s）数据。当 v_s 数据与相邻的锥贯试验（CPTu）数据相对照时，会发现少量的微观结构（基于 Robertson2016 年提出的方法）。考虑到尾矿的堆存时间不长（小于 37 年），其微观结构可能是少量的黏结作用所致。这种黏结似乎在细粒尾矿中更为普遍。通常，锥贯试验（CPTu）数据反映的是尾矿黏结结构破坏后土体在大应变下的行为状态，而现场十字板剪切试验（FVT）数据反映的是土体在非常小应变下的刚度，这往往由黏结强度主导。

3.7.1.2　实验室

之前的岩土工程调查对试验的基本参数进行了详细总结，详见附录 B。粗尾砂的细粒含量（按 0.075mm 筛下尺寸计算）在 20% ~ 50% 之间，是非塑性的，细粒尾矿的细粒含量在 50% ~ 90% 之间，塑性较低（平均塑性指数（PI）为 10%）。历史数据也表明，其尾矿容重普遍较高，平均约为 26kg/m³。相关的密度也很高，平均值约为 4.5。历史记录了一些矿物的成分和含量数据，2006 年进行的测试表明，铁（总铁）含量较高（大于 50%），石英（二氧化硅）含量较低（小于 10%）。

在 2005 年的调查中，通过块状和管状取样，在滩面的浅层获得了一系列完整的样本。块状样品的平均原位孔隙率为 1.0。从块状试样测得的高孔隙率就能说明尾矿总体上是松散的。当孔隙比为 1.0 时，尾矿的总体积中约有 50% 是由孔隙组成的。由于大部分孔隙被水填满，高的孔隙比表明尾矿中有很大一部分是水。由于尾矿的总体积为 1200 万立方米，因此可以合理地假设，尾矿中储存的总水量高达 500 万立方米（考虑到有些尾矿在水位以上是不饱和的）。这个水量大约相当于 2000 个奥运会大小的游泳池。由于该地区降雨量大，对储存的尾矿进行脱水将具有一定的挑战性。

之前的三轴强度试验结果表明，该尾矿材料性能表现出很大的变异性。对完整样本进行的一些测试表明，测得的尾矿参数是非常随机的。

3.7.2　材料分布

根据之前的现场调查数据，结合航拍和卫星影像资料，可以构建尾矿坝地层分布的剖面，详见调查报告附录 F。

图 3-24 为构建的尾矿坝最高和最陡位置的剖面（3-3 剖面）。从图 3-24 可以看出，坝体内的主要物料为粗尾砂（黄色），细尾砂层呈薄层状（橙色）。总体上看，随着深度的增加，尾矿颗粒变得越来越细，反映了上游法堆存过程中，随着距离的增加而增加。尾矿泥（红色）通常离坝体最远。

3.7.3　专家组的现场调查

专家组的两名成员于 2019 年 3 月 28 日到访了该尾矿坝，并进行了初步的现场调查。现场调查包括从直升机上查看溃决的尾矿坝及其周围区域，以评估未来

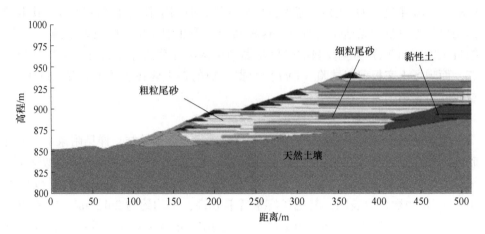

图 3-24 基于历史数据构建的 3-3 剖面图

实地调查的路线。I 号尾矿坝的直升机航拍图如图 3-25 和图 3-26 所示。

图 3-25 2019 年 3 月 28 日拍摄的近东南方向 I 号尾矿坝溃后的航拍图

专家组 4 名成员于 2019 年 6 月 4 日又再次到访该尾矿坝现场，以进一步调查并收集具有代表性的批量样本。尽管这些样本是在事故发生后收集的，但它们是从尾矿坝现场的不同地点收集的，以代表坝体内可能存在的不同材料。样本是结合位置可达性、便于观察和施工、坝体建设历史等综合因素确定的。此外，专家组的实验室测试证实了这些样品的代表性，因为实验室测试结果与溃坝前进行的岩土和矿物成分等测试结果相一致。关于专家组采用的抽样方法的信息见调查报告附录 E，溃坝前调查的详细情况见调查报告附录 B。

图 3-26 2019 年 3 月 28 日拍摄的向北俯瞰的 I 号尾矿坝溃后的航拍图

　　粗尾矿的大块样本取自保留较好尾矿体的裸露表面，代表之前坝体最终堆高后的滩面尾砂，如图 3-27 所示。样本来自一个裸露表层，据推算，取样位置位于第七级抬升坝右侧的坝体下部。图 3-28 显示了粗尾砂试样取样位置，该位置具有明显的分层。

图 3-27 2019 年 6 月溃坝后的取样位置

(a)   (b)

图 3-28 粗尾矿样位置 S6A 和 S6B

(a) S6A; (b) S6B

2019 年 7 月 1 日至 23 日执行了更详细的实地调查计划, 以弥补数据中的不足, 其中包括:

(1) Guelph 渗透试验测定尾矿渗透特性;

(2) 表面张力计测定尾矿材料的基质吸力;

(3) 在渗透试验附近开展砂体置换密度测试;

(4) 地表流量测定, 以估算溃坝后的流量;

(5) 地基土的钻孔和取样。

测试位置如图 3-29 所示。

图 3-29 Google 地图上显示的 2019 年 7 月现场项目的测试地点

这两个现场调查项目的详细情况见调查报告附录 E。

2019 年 7 月钻进了 4 个钻孔，以获取坝体底部原始地面的信息。钻孔结果显示，天然地基由残积土组成，但无法区分塌积土和残积土。在钻孔报告中残积土非常坚硬，有证据表明其母岩是片麻岩。钻孔显示，在所遇到的自然土层中没有连续软弱层的迹象。

3.7.4　专家组的试验研究

专家组进行的实验室测试的详情和结果见调查报告附录 E。

专家组对 2019 年实地调查所获得的样本进行了一系列试验测试，目的是：

（1）描述材料的特性；

（2）与溃坝前的历史数据进行比较；

（3）确认样本的代表性。

试样测试结果表明，粗尾矿级配较差，细粒含量（以 0.075mm 筛下粒度为基准）在 20% ~ 50% 之间，属于非塑性尾矿。坝体细粒尾矿的细粒含量在 50% ~ 90% 之间。尾矿泥的分级较好，细粒含量基本上为 100%，平均塑性指数（PI）在 18% 左右。图 3-30 为 2019 年采集的粗尾矿粒度分布曲线和一些历史粒度分布曲线，该图表明，2019 年采集的试样样本与溃决前坝体采集的历史样本相似。

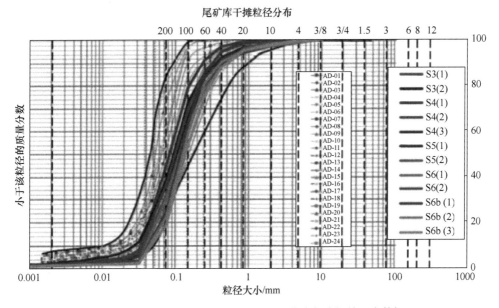

图 3-30　2019 年采集样本的粒度分布曲线与溃坝前历史数据

对 2019 年的样本测试结果显示，粗尾矿的密度约为 4.9g/cm³，尾矿泥的密度更接近 4.0g/cm³。天然残积土具有低的密度，约为 2.75g/cm³。尾矿的密度高，其容重可达约 26kg/m³。

对 2019 年的几个尾矿样本进行了 X 射线衍射（XRD）测试，结果表明（见表 3-2 和表 3-3），尾矿中的铁（赤铁矿、针铁矿和磁铁矿组合）含量很高。2019 年 6 月采集的粗尾矿样品取自第七级抬升坝区域，而 2019 年 7 月采集的样本则取自表层尾矿。在表层尾矿样本中检测到较高的针铁矿，这表明铁的风化和氧化加剧。总而言之，坝体尾矿的铁含量（赤铁矿、针铁矿和磁铁矿的组合）很高（大于 50%），少量的石英含量（一般不到 10%）。这些数值与 2006 年获得的尾矿历史数据一致，详见附录 B。

含矿物成分的尾矿材料与大多数主要由石英（即硅基矿物）组成的天然土体有很大的不同。含矿物成分的尾矿材料也与用于发展传统经验相关性的土体（如用于解释现场的锥贯试验结果）有显著不同。这表明，这些相关性的经验可能提供不了可靠的结果。

表 3-2　XRD 结果（2019 年 6 月样本）

矿物	化学式	1 号样本 1 Bag 2 X-射线 （尾矿泥）	2 号样本 1 Bag 4 X-射线 （尾矿泥）	3 号样本 3 Bag 2 X-射线 （粗尾矿）	4 号样本 5 Bag 1 X-射线 （粗尾矿）
赤铁矿	$\alpha\text{-}Fe_2O_3$	50.1	44.4	87.7	86.8
针铁矿	$A\text{-}Fe^{3+}O(OH)$	32.0	34.0	3.4	3.0
磁铁矿	Fe_3O_4	0.4	0.4	6.5	7.6
石英	SiO_2	5.4	6.6	1.6	1.5
高岭石	$Al_2Si_2O_5(OH)_4$	6.2	8.9	0.6	0.6
云母	$Mg_3Si_4O_{10}(OH)_2$	2.7	2.3	—	—
三水铝矿	$Al(OH)_3$	0.9	1.0	0.3	0.4
三羟铝石	$Al(OH)_3$	2.2	2.4	—	—
汇总		100.0	100.0	100.0	100.0

表 3-3　XRD 结果（2019 年 7 月）

矿物	化学式	DT-01 （尾矿泥）	DT-02 （尾矿泥）	DT-6 （细尾矿）	DT-10 （细尾矿）
赤铁矿	$\alpha\text{-}Fe_2O_3$	43.1	54.1	50.3	44.3
针铁矿	$A\text{-}Fe^{3+}O(OH)$	20.7	15.3	10.2	13.7
磁铁矿	Fe_3O_4	1.9	1.5	1.3	1.3
石英	SiO_2	14.9	12	28.5	21.8
高岭石	$Al_2Si_2O_5(OH)_4$	11.6	10.9	6.4	13.5

矿物	化学式	DT-01 （尾矿泥）	DT-02 （尾矿泥）	DT-6 （细尾矿）	DT-10 （细尾矿）
云母	$Mg_3Si_4O_{10}(OH)_2$	3.1	2	1.4	1.1
三水铝矿	$Al(OH)_3$	3	2.2	1.4	3
三羟铝石	$Al(OH)_3$	1.7	2	0.5	1.4
汇总		100.0	100.0	100.0	100.0

对 2019 年 6 月现场取得的粗尾砂样和尾矿泥样进行电子显微镜（SEM）扫描成像分析，从微观角度对尾矿颗粒结构、角度等参数进行定性评价，如图 3-31（粗尾矿）和图 3-32（尾矿泥）所示。电镜扫描证实了尾矿的高铁含量，并表明两种尾矿材料的颗粒形状相似，晶粒通常为亚棱角到棱角，表面粗糙，有点蚀结构。专家组还拍摄了其他 SEM 图像来研究颗粒之间的相互作用，并证明了尾矿颗粒之间结合的证据，如图 3-33 和图 3-34 所示。这种黏结性似乎来自氧化铁，看来铁的氧化会使粒子间存在黏结性。

图 3-31　样本 3 Bag 2-粗尾矿的扫描电镜图

3.7.5　专家组开展的新实验测试

本部分主要介绍具有代表性的尾矿样本进行新的试验所取得的研究结果，这些尾矿样品经过筛选，形成了用于实验室试验尾砂相一致的粗、细尾矿样本。试验的结果见附录 E。由于没有采集到未受扰动的完整样本，试验样本采用在实验室重塑尾矿试样，其密度（孔隙比）与坝体中的尾矿相似。

图 3-32　样本 1 Bag 2-尾矿泥的扫描电镜图

图 3-33　粗尾矿的扫描电镜图

专家组按照临界运行状态构建高级计算模型。因此，新实验测试的目标之一是确定临界状态参数。由于没有采集到未受干扰的溃坝前尾矿的完整样本，因此对重组尾矿样本进行了测试。由于细粒尾矿对临界状态参数的潜在影响，使用了2019 年 6 月采集的样本重塑了批量试验样本，以制备具有代表性的尾矿样本。借

图3-34 粗尾矿的扫描电镜图像（图3-33方框区域细节放大图，
箭头区域突出显示粒子间黏合）

助之前实验室测得的尾矿级配数据的平均值和范围值，形成具有代表性的尾矿级配，从而匹配之前实验室测试中的粗、细尾砂的平均级配，图3-35为归纳出的代表性级配。

样本一般按照 Jefferies 和 Benn（2016）概述的程序，通过湿式夯实制备土样。通过对溃坝后留存的坝体观察，可以明显发现有非常薄的分层迹象，专家组认为湿式夯实可以重塑这些薄的水平分层，并能很好地控制目标密度和孔隙率。

新实验测试内容包括：标准的应变式控制三轴试验和自重荷载控制的三轴试验。进行排水和不排水试验，以及各向同性和各向异性的固结试验。

新实验测试的主要结果总结如下。

（1）平均级配、粗粒级配和细粒级配的临界状态线（CSLs）在形状和斜率上非常相似，但细粒级配的孔隙率略高。

（2）三轴数据显示了剪切过程中的异常响应：

1）松散样本的峰值摩擦角大于临界状态的摩擦角（ϕ'_{cs}）；

2）密实样本产生的膨胀量大于其他尾矿和天然土体的典型膨胀量。

（3）高剪胀性产生非常陡峭的应力-应变曲线，峰值强度高于经验估计的强度值，而残余强度（或液化）低于经验的强度值。

（4）达到峰值强度所需的轴向应变非常小（小于1%）。

（5）在排水（密实样本）和不排水（松散样本）试验中都观察到强度快速

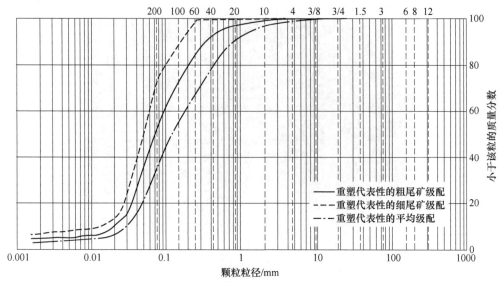

图 3-35　重塑的代表性粗尾矿级配、细尾矿级配和平均级配

下降（即劣化效应）的现象。

（6）高的峰值强度和劣化效应似乎是少黏性的结果。

专家组开展了一系列不排水三轴试验，确定了试验前状态与峰值不排水强度和液化不排水强度之间的关系，以及达到这些强度的应变。这些试验与预试验状态有明显的关系，表明达到峰值强度所需的应变对松散样本来说是非常小的，而随着密度的增加而变大。结果还表明，由于黏结作用，密度较大的试样具有很高的不排水峰值强度。主要结论详见图 3-36，图 3-36 所示的临界状态的形状和位置与所测尾矿相似的颗粒特征（形状、角度）和含矿物成分的尾矿材料特征一致，尽管平均粒径有所变化。各级配的内摩擦 ϕ_{cs} 值也很相似，平均值为 34°。

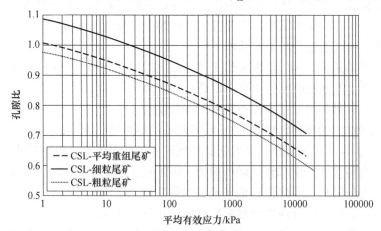

图 3-36　代表性尾矿测得的临界状态线（CSLs）

图 3-37 对比了在不同状态参数 ψ 值（孔隙比）下制备的平均级配样本在相同有效应力下（100kPa）各向同性固结排水三轴试验结果。强度和峰值强度的迅速下降与试样状态（孔隙率）不一致，例如疏松状态（$\psi=-0.05$）与最致密状态（$\psi=-0.12$）具有相似的峰值强度。

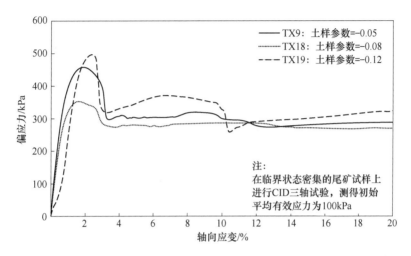

图 3-37　在不同状态参数下平均级配试样的各向同性固结排水三轴试验结果

图 3-38 为平均级配试样固结到 50kPa 并制备成临界疏松状态的三轴试验结果（$\psi=+0.09$）。对于临界松散的尾矿样本，在偏应力（q）和体积逐渐减少到临界状态（CS）时，预测的尾矿性质呈现逐渐增强的趋势。然而，该试验表明，在轴向应变约为 1% 时，对偏应力（q）峰值的易变形性的响应，在恒定的平均有效应力（p'）和偏应力（q）下，体积突然减少（崩塌）。

在细尾砂级配和粗尾砂级配上进行了各向异性固结不排水（CAU）的三轴试验，以评估这些级配下松散尾砂样本的不排水响应，以确定它们是否相似。在不排水加载开始前，两个试样的平均有效应力均为 200kPa，水平与垂直有效应力之比 K_0 为 0.5。在 $\psi=+0.07$ 相同的状态参数下，制备了细尾砂级配和粗尾砂级配样本。试验结果如图 3-39 所示，两试样样本在不排水加载过程中均产生了不显著的响应。细尾砂级配和粗尾砂级配的轴向应变分别为 0.3% 和 0.8% 时，试样均不合格。细粒级配和粗粒级配样本的峰值强度在 0.42~0.51 之间。细尾砂级配和粗尾砂级配试样的残余强度在 0.003~0.01 之间。这些峰值强度显著高于基于 CPTu 数据的经验估值，如 Olson 和 Stark 在 2002 年提出的残余强度（或液化）显著低于经验值，如 frobertson 在 2010 年的试验结果表明，细尾砂级配和粗尾砂级配在不排水剪切过程中表现出相似的特性。

为了与应变控制试验进行比较，专家组还进行了恒载（TXDW）的 2 项三轴载荷控制试验。两个试验都是在粗尾砂级配样品上完成的。第一个试验

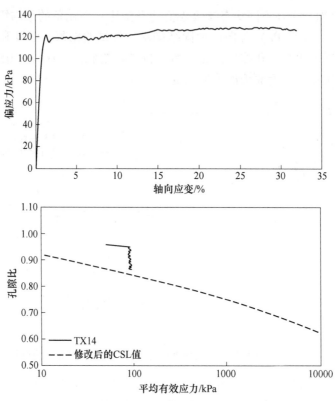

图 3-38　平均级配样本固结至 50kPa 时制备
呈临界疏松状态（$\psi = +0.09$）的 CID 三轴试验结果

（TXDW01）作为抽干试验完成，目的是复制 TX14 试验，TX14 试验是应变控制的 CID 试验，初始 p' 为 50kPa，状态参数为 +0.09（见图 3-40）。CID 测试（TX14）显示，在恒定的 p' 和 q 值下，应变约为 1% 时，体积会突然减少。等效荷载控制试验（TXDW01）的目的是：观察在恒载条件下其体积的减少是否会导致孔压的显现，从而引起强度下降。等效恒载试验过程中，将其加载到接近 TX14 破坏时的应力，此时试样在较小的应力下就表现出快速破坏，且快速破坏发生在不排水的情况下。荷载控制试验也显示在恒定 q 下有明显的蠕变。

第二次恒载试验（TXDW02）与初始 p' 为 200kPa、K_0 为 0.5 时完成的各向异性固结应变控制不排水（CAU）试验（TX25）进行对比，如图 3-41 所示。TXDW02 的完成方式与 TX25 完全相同。除了自重荷载外，荷载控制试验（TXDW02）在轴向应变为 0.7% 和峰值不排水抗剪强度为 0.55 时破坏。该试样的残余强度（液化）无法测定，因为试样破坏发生得很快，导致试样完全破坏。两种试验的应力-变形、峰值不排水剪切强度均有相似性，说明了不同试验方法之间的总体一致性。

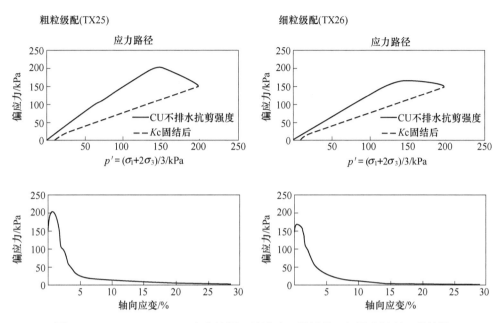

图 3-39 CAU（$K_0 = 0.5$）应变控制三轴试验（粗尾砂、细尾砂级配）的结果

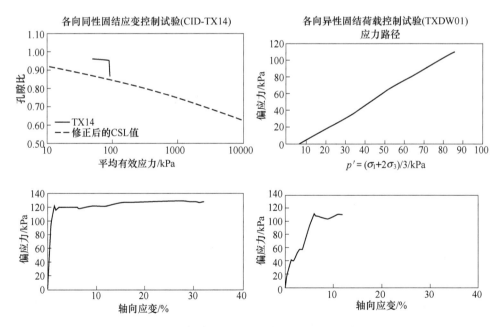

图 3-40 相同状态（$\psi = +0.09$）下粗尾砂的各向同性固结应变控制试验
（CID-TX14）和各向异性固结荷载控制试验（TXDW01）的结果比较

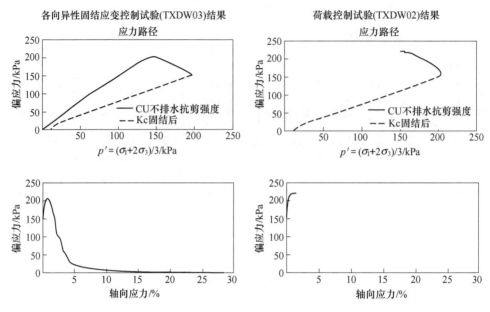

图 3-41 在相同状态（$\psi = +0.09$）下粗尾砂的各向异性固结应变控制试验
（CAU-TX25）与荷载控制试验（CAU-TXDW02）的结果对比

对几个各向同性固结三轴试样进行了弯折单元测试（bender element testing），以评估归一化剪切波速（V_{s1}）与孔隙比（e）之间的关系；这个测试的数据详见附录 E。这个测试显示了剪切波速（V_{s1}）与孔隙比（e）之间的关系，但是剪切波速（V_{s1}）的变化很小，而孔隙比（e）的变化很大。这一结论表明尾砂具有黏结性。

对 2019 年钻孔获得的天然地基残积土进行了直接剪切试验，详见附录 E。结果表明：在剪切过程中，残积土没有出现强度下降的迹象，在简单剪切荷载作用下，残积土的不排水抗剪强度峰值约为 0.3；虽然地基土的峰值不排水抗剪强度低于尾矿的峰值不排水强度，但地基土没有出现强度减小的迹象，其更具可塑性。

从新测试中观察到的一个关键现象是：在一些被测样本中存在黏结现象。黏结性可以通过机械、化学或生物的方式形成。事实上，在剪切试样之前，样本被重塑，而且保存时间不到 24h，这表明，由于化学和生物黏结性通常需要很长时间才能形成，所以其黏结性的形成可能来自机械方式。然而，扫描电镜图像显示，黏结性更可能源自氧化铁的化学黏合，且这似乎形成更迅速。

3.7.6 材料参数

材料参数是从现场和实验室数据中获得的, 主要目的是进行稳定性和变形分析, 模拟尾矿坝溃坝破坏前的条件, 并找寻潜在的溃坝触发因素, 材料参数详见调查报告附录 E。各种分析所需的参数如下。

(1) 弹性模量和峰值排水剪切强度。这些参数源自三轴试验数据。指定的参数值源于锥贯试验 (CPTu) 导出的尾矿状态参数估计值。

(2) 临界状态的变形分析。临界状态和膨胀系数来源于三轴试验数据。从锥贯试验 (CPTu) 数据估计原位密度 (或状态参数), 并且从弯折单元测试 (bender element testing) 和原位剪切波速 (v_s) 数据估计弹性模量。

(3) 稳定性分析。峰值强度、不排水剪切强度和相关应变来源于三轴试验数据, 并与锥贯试验 (CPTu) 数据进行比较。

上述评价的一个重要组成部分是对尾矿在破坏前的原位状态的估计。作为这项评估工作的一部分, 已经完成了对锥贯试验 (CPTu) 现有数据的分析总结。这包括将坝内的尾矿材料划分为相似的尾矿类型 (如细尾矿和粗尾矿)。关于如何在二维和三维中构建模型的描述见调查报告附录 F, 参数选择详见调查报告附录 E。

原位状态的参数估计采用 4 种不同的方法。最初的估算是使用 Robertson (2010) 建议的经验方法, 但专家组认识到, 尾砂中不同的矿物成分可能会使这些估算不可靠。第二种方法是使用实验室弯折单元测试中 v_s 结果与现场测量的 v_s 值相结合。然而, 这种方法值得怀疑, 因为对原位 v_s 测量的变化缺乏敏感性。第三种方法采用了 Plewes 等人 (1992) 提出的方法, 因为这种方法允许输入具体的 CSL 参数, 这些参数可从新实验测试中获得。然而, 这也带来了可靠性问题, 因为尾矿含有矿物成分等特性与用于解释相关关系的历史数据不同。最后采用的方法是使用新实验测试获得的临界状态参数, 并应用 Jefferies 和 Been (2016) 建议的方法, 对锥贯试验 (CPTu) 结果进行全面反演。这涉及使用空腔膨胀理论从锥贯试验 (CPTu) 获得估计的状态参数。这可以解释在新实验测试中捕获的独特的材料性质。最后一种方法被认为是最可靠的。图 3-42 展示了粗尾砂和细尾砂的估计状态参数的概述, 以及分析中使用的直方图。粗尾砂级配的平均状态参数为-0.02, 细尾砂级配为+0.16。试验结果表明, 细粒尾矿比粗粒尾矿处于更松散的状态。

利用各向异性固结不排水三轴试验的结果, 建立峰值不排水强度与液化不排水强度之间的关系, 分析达到峰值和液化强度所需的应变以及试样的状态参数。

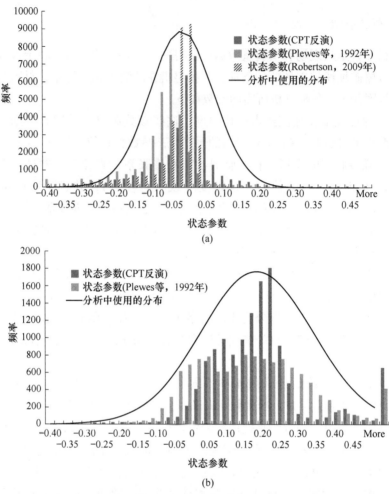

图 3-42 粗尾砂和细尾砂状态参数的累积分布曲线

(a) 粗尾砂；(b) 细尾砂

3.8 I 号尾矿坝溃坝前的地下水概况

3.8.1 简介

水对大坝的稳定性和性能起着重要的作用。历史资料显示，坝体内的地下水位普遍很高，特别是在坝脚附近，且在坝面观察到渗漏现象。因此，基于压力计和水位指示器（piezometers and water level indicators）和锥贯试验（CPTu）记录的所有数据，专家组对地下水进行了详细的分析，以更好地了解坝体内的地下水的情况。

上游式尾矿坝的设计和施工的一个重要目标是保持地下水水位尽可能低，如图 3-43 所示。

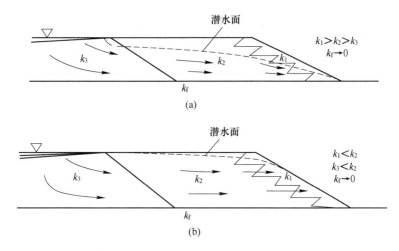

图 3-43　坝体内部分区对地下水位的影响（Vick 于 1990 年修订）

（a）较好的尾砂渗透系数分布规律以促进排水；（b）渗透受到堤坝较低渗透性的限制

专家组根据现有的现场和实验室实测数据建立了计算分析模型，以评估Ⅰ号尾矿坝的饱和/非饱和渗流状态，详情见调查报告附录 G。

3.8.2　方法

借助模拟降雨入渗和渗透的计算程序，对Ⅰ号尾矿坝坝内的地下水进行了模拟和分析。该方法包括建模，确定模型的几何形状、材料属性、边界条件、模型敏感度和一般性能的影响，然后进行二维和三维渗流分析。

2016 年年中停止排放尾砂后，降雨入渗和坝体渗漏成为影响坝体地下水位的主要因素。关于模型边界条件和渗流模型评估的细节详见调查报告附录 G。

3.8.3　降雨入渗

溃坝事故发生前三年的降雨量是基于自动雨量计 F11 和 F18 的数据。根据这些记录数据，Ⅰ号尾矿坝的平均年降雨量约为 1400mm。2018 年的降雨量强于前三年，详情见调查报告附录 G。

借助附近气象站获得的气候数据（详见调查报告附录 C），以及从现场和实验室测试获得的地表水特性，进行了一维的土壤–大气模拟，详见调查报告附录 E 和 G。模拟结果表明净入渗量约为降雨量的 50%，这被用作模拟饱和/非饱和渗流模型的边界条件。

3.8.4　二维分析

专家组构建了一个综合渗流模型，该模型采用坝体破坏之前测定的历史孔压数据和锥贯试验（CPTu）的消散结果进行校准。图 3-44 显示了选定用于校准坝体上的水压计和水位指示器的位置，以及进行消散试验的 CPTu 位置。水压计和水位指示器的选择标准是：安装位置已知、仪器安装标准规范、数据可靠和测量数据具有连续性。

为了分析坝体水位的变化，水压计和水位指示器的读数按位置分组，包括位于坝体高程 900m 以上或以下的所有水压计和水位指示器，也包括安装在退台（setback）上面或下面的水压计和水位指示器。溃坝前三年测得的平均水位的结果如图 3-45 所示，该数据也参考了 2019 年 1 月的最后读数。

从图 3-45 可以看出，自 2016 年以来，坝体平均水位逐渐下降。在退台（setback）位置以上的水位下降幅度约为 1.4m，在退台（setback）位置以下的水位下降幅度约为 0.5m，这是由于 2016 年停止排放尾砂后，坝体水位缓慢下降。地下水似乎正从坝体的上部流向下部。地下水位的下降也使坝体的上部形成了一个不断增加的不饱和地带。图 3-45 还显示了短期内水位的轻微上升，这应该与雨季的降雨入渗有关。

基于图 3-24 所示的剖面图构建了二维渗流模型。图 3-24 为构建的一个断面（3-3 剖面）图，该剖面图说明坝体具有粗、细尾矿的复杂分层，土体参数采用的是现场和实验室试验数据。通过渗流模型的反复计算模拟，直到计算出的水压力与实测的水压和 CPTu 消散结果试验值相吻合。同时，根据之前描述的气候和尾矿特性，降雨入渗量为平均年降雨量（即每年 1400mm）的 50%。图 3-46 为 3-3 剖面计算的结果图。

根据现场和实验测试数据，将粗尾砂的饱和水平渗透系数（k_h）设为 5×10^{-6} m/s，细尾砂的饱和水平渗透系数（k_h）定为 1×10^{-7} m/s。为反映垂向和水平方向渗透性的差异，将尾矿赋值为 $k_h = 5k_v$，其中 k_v 为垂向饱和渗透系数。尾矿的软向层结构限制了垂向排水，但加速了坝下游面的侧向排水。坝体中压实材料具有相对较低的渗透性，也限制了坝体排水，其渗透系数从 5×10^{-7} m/s 到 1×10^{-9} m/s 不等。

实测水位与计算水位之间存在很强的相关性，这为二维饱和/非饱和渗流模型计算的准确性提供了可信度。图 3-47 给出了 3-3 剖面的二维数值模拟结果。

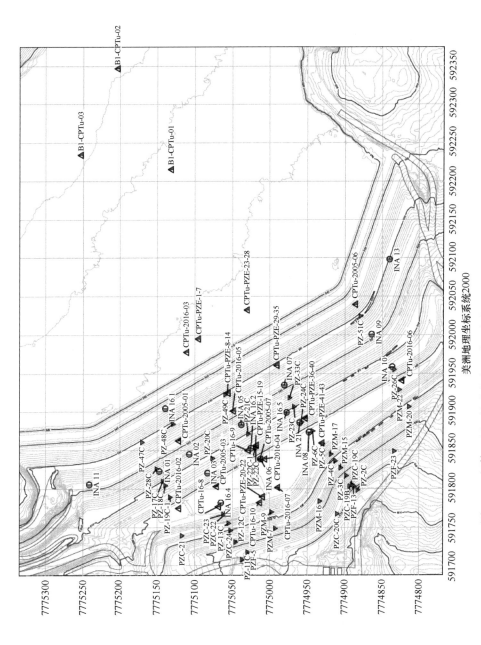

图3—44 坝体上用于校准的水压计、水位指示器和锥贯试验（CPTu）位置
美洲地理坐标系统2000

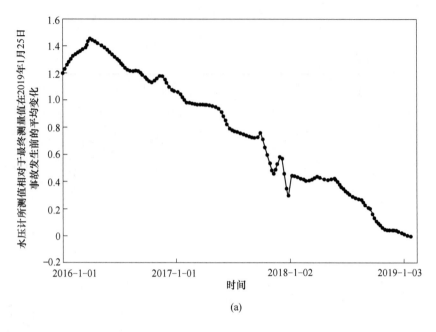

(a)

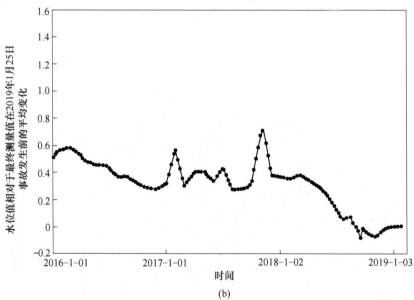

(b)

图 3-45   2019 年 1 月 25 日的最终测量的平均压力和水位值

（a）900m 高程以上的水压计和水位指示的变化图；

（b）900m 高程以下的水压计和水位指示的变化图

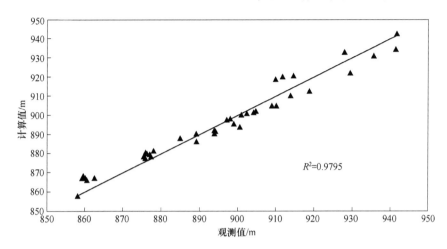

图 3-46　3-3 剖面渗流的二维模型的计算值与实测值

从图 3-47 所示的模拟结果中可以明显看出，下游排水不畅和护堤处水流受限的影响。如图 3-47 所示的地下水位，与水压计读数和 CPTu 耗散测量值相匹配，在坝趾区和退台（setback）区的地下水位较高。渗流分析结果表明，坝体有大部分区域处于高水位饱和区，尤其是坝趾区。

虽然地下水位的位置和相关的渗流在大坝的下游面没有明显的变化，强降雨会引起地下水位以上的非饱和带的基质吸力下降。坝体附近的气候具有明显的干湿季节性交替现象，从而引起非饱和带的黏聚力减小或增大。此外，年降水量的长期波动叠加在这些季节变化因素上，使得非饱和区黏聚力变化被认为是瞬态的。

利用 2016 年 1 月至 2019 年 1 月的降雨数据，进行了二维模型的数值分析，以评估地下水位以上尾矿黏聚力的变化。图 3-48 为 3-3 剖面近坝顶处的剖面图，从图中可以看出，随着降雨入渗至非饱和材料内部，导致非饱和区黏聚力计算值显著降低。与入渗相关的黏聚力下降值约为 50kPa，从而使该区域的非饱和剪切强度降低约 10~15kPa。在非饱和区强度下降的影响将在第 3.9 节中进一步讨论。图 3-48 还说明，地下水位以下的平均水压可以用 50% 的静水压近似表示。

3.8.5　三维分析

专家组也构建了三维模型来评估三维渗流流态，以便更好地说明坝体的不规则形状、原始地形和排水系统的位置。三维渗流模型计算中采用的材料性质、渗透速率和分层情况与二维渗流模型计算中所使用的参数相同。与二维渗流模型计算结果相比，三维渗流模拟的某些位置的地下水位略低，这主要是二维和三维模型之间库水位位置的差异引起的。三维模型中库水位的位置和大小比二维模拟中区域小。相比二维渗流模型计算结果，三维渗流模型计算的结果与实测数据吻合更好。

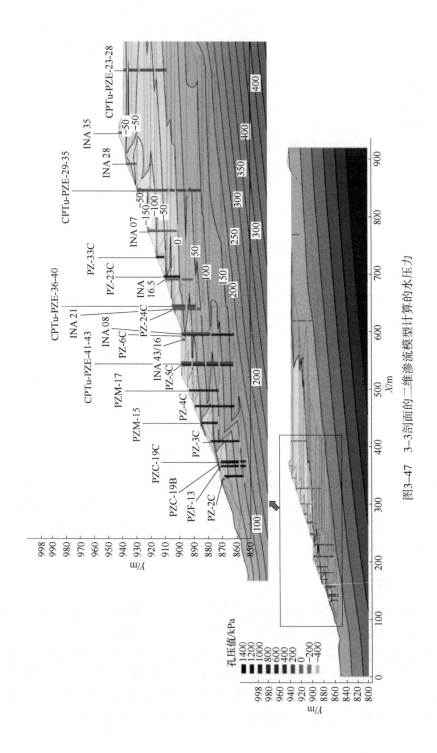

图3-47 3-3剖面的二维渗流模型计算的水压力

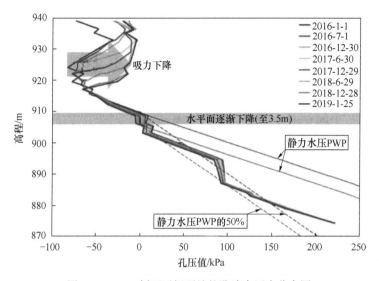

图 3-48　3-3 剖面近坝顶处的孔隙水压力分布图

3.8.6　分析总结

Ⅰ号尾矿坝渗流模型计算结果总结如下。

（1）粗细尾矿互层，加上其渗透性低，阻碍了坝体的排渗。

（2）假定坝体入渗率为年平均降雨量的50%，其渗流模型计算结果与坝体内的水位实测结果很好地吻合，因此这被认为是一个合理的假设。

（3）强降雨、高入渗率和缺乏有效的排水系统导致了坝体的高地下水位，尤其是在坝趾区域。

（4）在坝顶附近发现了一个非饱和尾矿带。

（5）虽然坝体下游面的水位和相关渗流位置随时间变化不明显，但强降雨和高入渗率会减少非饱和区的黏聚力。降雨入渗引起的黏聚力下降值约为50kPa，从而使该区域的尾砂抗剪强度降低 10 ~ 15kPa。

3.9　稳定性和变形分析-各种触发条件

3.9.1　方法

专家组通过创建尾矿坝的二维和三维计算模型来研究潜在的溃坝触发因素。根据历史数据重建了详细的横截面图，以获得坝体内各种材料的分布情况。二维和三维的变形计算模型均是在这些横截面的基础上创建的。这些模型的目的是评估可能的溃坝液化触发因素。调查报告附录 H 中详细分析讨论了坝体稳定性和变形。

3.9.2   I 号尾矿坝的稳定性

评价坝体稳定性的传统方法是极限平衡法（LEM）。极限平衡法（LEM）是假设材料有一个固定的剪切强度值，并且该方法不考虑材料任何的强度变形（即 LEM 假设材料是刚性的）。对于达到一定应力而不出现弱化的应力-应变关系的材料而言，这个假设是合理的。一般是采用成熟的商业软件进行极限平衡法（LEM）分析，这些商业软件允许输入一系列土层和地下水条件，并将寻找具有最低安全系数 F_S 的滑动面。在这些模型中计算的 F_S 是沿着滑动面评估的平均值。根据几何形状、地下水条件和分层情况，滑动面上的区域可以有更高或更低的局部 F_S 值。这些软件可以是二维的或三维的。

在溃坝之前利用极限平衡法（LEM）计算的稳定性表明，采用一个不排水强度 $s_u/\sigma'_{vo}=0.26$ 所计算的安全系数 F_S 接近 1.0。然而，如果安全系数 F_S 非常接近 1.0，坝体将展示各种不稳定迹象，如坝体开裂和变形，因为尾矿材料在出现应力变形时才能达到其强度峰值。I 号尾矿坝溃坝前没有显示出任何危险迹象，这一事实表明传统极限平衡法（LEM）的结果具有误导性。

专家组开展新的实验室结果表明，大坝内的材料表现出黏结性，并且很容易出现强度显著下降的现象。因此，材料在小应变时具有高峰值强度，但在大应变时具有非常低的剪切强度（液化强度）。超过峰值强度所需的应力变形是非常小的。在坝体中，相当部分尾矿材料有可能出现强度明显下降的情况，所以极限平衡法（LEM）计算的结果可能会产生误导。

在滑动面上，此时可能会存在一些区域的尾矿材料超过了峰值强度，并且其局部 F_S 小于 1.0。如果极限平衡法（LEM）是使用峰值强度进行计算的，则计算出不会失稳破坏的高安全系数。专家组借助之前开展的实验室测试结果，确定了不排水强度值（由于黏结性而增加的强度），重新分析了 I 号尾矿坝的稳定性，结果显示其安全系数 F_S 接近 1.5。当然，这也忽略了可能存在高剪应力的区域，即局部 F_S 小于 1.0 的区域。由于黏结性而增加了材料强度，理论上允许形成一个更陡的坝坡，即使坝体可能是不稳定的，但坝坡不会出现任何失稳破坏的迹象。当某一因素触发部分边坡的不排水强度下降时，边坡就会发生失稳。坝体强度下降越明显，应力越大，潜在破坏越突然、越迅速。

图 3-49 是"无强度下降"的尾矿材料、"无黏结强度下降"的尾矿材料和"黏结强度显著下降"的尾矿材料的近似应力-应变和应力路径响应图。"无强度下降"的尾矿材料通常会在破坏前表现出显著的变形。与"无强度下降"的尾矿材料相比，"无黏结强度下降"的尾矿材料在破坏前的变形更小。"黏结强度显著下降"的尾矿材料在破坏前往往只表现出很小的变形，并且只需要很小的应变就能触发强度下降。

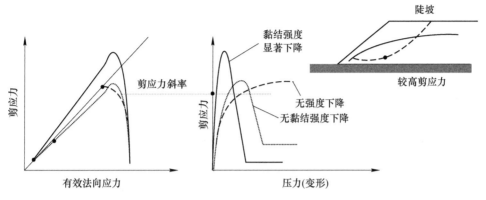

图 3-49　"无强度下降""无黏结强度下降"和
"黏结强度显著下降"的尾矿材料性质的比较示意图

3.9.3　Ⅰ号尾矿坝的变形分析

3.9.3.1　综合方法

为了避免极限平衡法（LEM）计算模拟的局限性，可以通过变形分析来考虑可能的材料强度下降现象。这需要更复杂的数值模拟方法，包括Ⅰ号尾矿坝中每层材料的代表性应力-应变关系数据。这些分析可以在二维模型和三维模型中进行，专家组更专注于三维模型的研究。

3.9.3.2　触发因素评估

A　初步评估

在开始分析前，专家组对第 3.4.3 节阐述的触发因素进行了审阅，以去除不可能的触发因素。专家组对以下触发因素进行了可能性评价。

（1）快速加载（如筑坝或尾矿沉积）。2013 年以后没有对坝体进行加高抬升，2016 年 7 月停止了尾砂排放。因此，快速加载并不是一个可能的触发因素。

（2）快速循环荷载（如地震或爆破）。对溃坝当天的地震仪记录数据的分析表明，在第一次观察到溃坝之前，没有地震和爆破的记录，详情见调查报告附录Ⅰ。因此，地震和爆破不被认为是溃坝的触发因素。在第一次观测到坝体变形之前，在 30s 内记录了小的地震活动，这被认为是在溃坝出现前，坝体内部强度下降的结果。

（3）疲劳载荷（如反复爆破）。在溃坝当天，虽然在第一次观察到变形之前没有记录到爆破振动，但已知该区的几个矿坑进行了定期爆破。反复爆破有可能引起坝体的累积变形。然而，对调查报告附录Ⅰ中所详细介绍的附近地震记录的数据表明，尾矿的应变没有超过其阈值水平，尾矿材料一直保持弹性，没有发生累积变形。因此，该地区反复爆破产生的疲劳载荷不被认为是溃坝的触发因素。

（4）卸载（如：坝内水位上升、基础内部的变形及软弱夹层的存在）。水压计和水位指示器显示，在溃坝前的三年时间里，地下水位在缓慢下降，详见调查报告附录 G。专家组进行的试验测试没有显示坝体下方的天然土体存在连续的软弱层，实验室测试也没有显示这些土体出现强度下降。如第 3.6 节所述，InSAR 数据分析表明，破坏前 1 年的变形小而缓慢，且主要在垂直方向上。在此期间，坝脚附近的水平变形量大多每年小于 10mm，但也有一些小范围的水平变形量每年达到 30mm。这表明，没有显著的水平变形，这可能与地基的变形有关，或与较弱的地层材料有关。坝内材料虽然由互层的粗、细尾砂组成，但室内试验和现场剪切波速数据表明，细尾砂与粗尾砂具有相似的刚度和压缩性。因此，这种分层不会引起卸载层之间明显的变形差异。因此，卸载不被认为是溃坝的触发因素。

（5）内部侵蚀和管涌。没有证据表明溃坝与坝体内部侵蚀和管涌有关。虽然坝体表面确实发生了渗水，但渗水的速度一般较慢，且坝体上实测的排水系统的流量并没有随时间增加而增加，在临近溃坝时，监测的水量既没有增加，也没有观察到大量的细小水流。从视频资料中观察到的破坏机制与内部侵蚀和管涌不一致。因此，内部侵蚀和管涌不被认为是溃坝的触发因素。

B 数值模型分析评估（detailed evaluation using computer modeling）

在数值变形模拟中，对以下因素进行了详细分析评估：

（1）人为因素作用，如进行垂直钻孔和安装深层水平排渗管（DHPs）；

（2）地下涌水引起局部尾砂强度下降；

（3）地下水位以上非饱和带的尾砂黏聚力和强度下降；

（4）恒定荷载下由内部蠕变发展的累积变形。

变形分析的目的是在与所有可用数据和现场调查结果相一致的情况下，找寻最可能引发坝体失稳破坏的触发因素。由于在溃坝前没有表现出任何危险迹象，但 I 号尾矿坝却突然发生溃坝事故，因此专家组认为，溃坝诱发因素可能性较小。构建计算模型是为了模拟坝体溃坝前的运行条件，考虑所有可用的数据进行模拟分析，如材料分层、土体改性、水压力和材料参数，以及会影响坝体稳定性的所有因素。这样才能使专家组更好评估和确定最有可能引起溃坝的触发因素。数值模型分析评估方法包括以下三个阶段：

a 第一阶段：构建溃坝前的运行条件

构建溃坝前的运行条件。

（1）建立几何数值模型。使之与前述的尾矿坝材料分布规律相匹配。

（2）确定各层材料的参数。使其与实验测试获取的强度弱化相匹配，并为每层坝体材料分配参数。

（3）采用排水强度的材料参数。

（4）根据锥贯试验（CPTu）数据，确定关键参数的空间和统计的变化特征。

（5）基于坝体建造历史构建数值模型，模拟整个坝体溃决前的应力状态。

b 第二阶段：初筛各种触发因素

初筛各种触发因素：

（1）考虑极端条件，即将地下水位以下的材料参数设置为不排水强度参数；

（2）根据室内试验结果，分析尾矿材料的峰值不排水强度和液化分布情况，确定引起强度下降的应变分布规律；

（3）根据溃坝前的运行状态修正模型；

（4）利用计算模拟分析评估每一种可能的触发因素。基于与溃坝前的条件一致的基础上模拟分析了引起尾矿不排水强度下降的可能性，模拟结果应与溃坝期间的观察结果相一致。

第二阶段的分析是基于一个简化的假设，即整个坝体采用的是不排水强度，且在溃坝前坝体有一个稍微高于稳定性要求的安全系数。第二阶段的目的是分析可能的触发因素，与其对坝体稳定性的影响程度。在这种极端条件下，这种方法能使专家组更好评估哪些触发因素不会显著影响坝体的稳定性，从而减少第三阶段中潜在触发因素的数量。

c 第三阶段：最可能触发因素的深入分析

最可能触发因素的深入分析：

（1）在简化的第二阶段分析中，利用计算模拟分析评估对坝体稳定性有重大影响的可能触发因素；

（2）深入分析新实验测试中观察到的高剪应力下的蠕变变形。

3.9.3.3 第二阶段的变形分析

变形分析包括强度的统计和空间分布，这些分布与锥贯试验（CPTu）数据的分布一致。采用新实验测试确定的不排水强度参数进行模拟分析，并通过多次模拟来确定合适的代表性模型，模拟分析结果应与溃坝前的观测结果相匹配。

A 溃坝前的人为活动

为了更好修正模型，专家组在溃坝发生前几个月确定了两项已知并非引发溃坝的活动：

（1）DHP15 安装于 2018 年 6 月；

（2）2019 年年初 SM-09 孔的钻探。

如调查报告附录 H 所述，DHP15 安装结束后，采用 600kPa 和 1000kPa 的水压模拟了安装的深层水平排渗管（DHPs）。假设 SM-09 周围半径 1m 范围内的材料不排水强度出现下降，并模拟了 SM-09 钻孔过程。在溃坝之前，有证据表明坝体非常接近于临界破坏状态，当这些人为活动都没有导致溃坝时，其计算模型被认为是具有分析破坏条件的代表性模型，但人为活动会引起整个坝体材料强度的微下降。

由此产生具有代表性的计算模型，然后用于模拟分析其他的溃坝触发因素。

B　人为因素

2018 年 6 月，在安装 DHP15 期间，I 号尾矿坝发生了局部尾矿材料的强度下降。鉴于坝体内尾矿材料特有的属性，因此在安装 DHP15 前后，坝体材料很可能在震后短时间内恢复了强度。报告显示，渗漏在几天内得到了控制，而且在溃坝事故发生一周前无人机拍摄的视频中也没有看到 DHP15 安装带来的任何持续影响。尽管如此，分析考虑了一种极端情况，即 2019 年 1 月晚些时候在 DHP15 附近发生尾矿材料强度下降，这可能会触发尾矿坝失稳破坏。这是假定在 DHP15 周围 1m 半径范围内指定不排水强度下降条件来分析的。当然，这也是一种不太可能发生的情况，而且在典型模型计算中也没有引起坝体失稳破坏。因此，专家组得出结论，DHP15 周围的液化不是一个溃坝的触发因素。

溃坝事故发生时正在钻进的是 SM-13 钻孔。通过将半径为 1m、深度为 80m 钻孔范围内的尾矿材料设置为不排水强度参数，从而分析评估了这种情况引发液化的可能性。这种情况被认为是一种极端情况。在典型的模型中，这种情况没有引起坝体的显著变形或破坏。因此，钻探中的 SM-13 孔不被认为是一个溃坝的触发因素。

C　地下涌水

专家组讨论了另一种假设情况，即大量地下水从存在的且已知位置的北缘流入库区，从而在这些区域引起一个潜在的材料强度下降。地下涌水被视为小范围事件，因为在坝体失稳破坏前，水压计没有检测到坝体下的水压有任何显著变化。

在典型模型中，通过假定使地下水周围半径 50m 指定范围内尾砂不排水强度下降条件来模拟地下涌水情况。这种情况会导致地下水周围发生显著的局部变形，但是这并没有导致坝体的失稳破坏，其模拟的位移变形也并没有反映在实测的位移变形上，因此，地下涌水不被认为是一个溃坝的触发因素。

D　非饱和区黏聚力下降

3.7 节渗流分析表明，停止尾砂排放后，多年的累积降雨导致黏聚力下降，最强降雨出现在 2018 年年底，这会导致非饱和区（即地下水位以上的区域）的尾砂强度下降。这可以通过对地下水位以上区域进行强度折减来模拟分析，选择不大于 15kPa 的三种强度下降值来进行模拟分析：5kPa、10kPa 和 15kPa。模拟结果表明，强度下降 5kPa 时仅引起坝体轻微变形，当强度值下降 15kPa 时，会导致破坏区域产生更大的变形。以上分析表明，黏聚力的显著下降可能导致坝体溃坝破坏，这需要在第三阶段中深入分析。

分析的第二阶段表明：在坝体处于临界稳定状态时，局部的强度下降一般不会引起坝体整体的失稳破坏，更可能的触发因素是黏聚力下降，此因素将在第三阶段进行深入分析。由于蠕变作为一种可能的触发因素，在本质上更具有全局性，所以没有在第二阶段中进行分析，而是在第三阶段中进行详细的分析评估。

3.9.3.4 第三阶段的变形分析

第三阶段是在实验室中观察到的一种情况，在这种情况下，松散的尾矿试样在恒定的高剪应力下出现持续的累积变形。这种恒定荷载下的持续变形称为蠕变。蠕变速率取决于材料的状态（密度）和剪应力的水平。松散的材料在高剪应力下会累积显著的蠕变变形。对于强度下降显著的材料，恒定荷载下内部变形的累积最终会导致蠕变破裂。采用在第二阶段确定的参考模型，计算模拟了新实验测试的内部蠕变情况。

模拟分析了三种情况下的蠕变影响：（1）原始状态；（2）考虑降雨入渗影响，即地下水位以上的非饱和材料的强度下降；（3）考虑钻进中的 SM-13 钻孔的影响。计算模拟结果表明，蠕变本身能够引起坝体破坏，但由此产生的变形与观测到的变形不太吻合。在模拟中，钻进中的 SM-13 孔对坝体稳定性没有产生显著影响。结合蠕变累积变形和降雨入渗导致的水位以上非饱和材料强度下降的计算模拟表明，蠕变是导致临界稳定坝体破坏的主要因素，在非饱和材料中，材料强度的下降也对坝体失稳破坏起到了重要作用。

考虑黏聚力下降引起材料强度降低 15kPa 时，计算的 3-3 剖面三维模型的蠕变破坏前的变形如图 3-50 所示，其计算溃坝前的变形量较小，且与 InSAR 分析评估的变形趋势相似（见图 3-20）。计算模拟结果表明，破坏前的蠕变变形量可以很小。图 3-51 为 3-3 剖面的三维模拟的黏聚力下降导致强度降低 15kPa 时的蠕变破坏变形结果。图 3-51 显示的模拟变形与视频证据中观察到的破坏变形非常吻合，证实了 2018 年年底强降雨导致的蠕变变形和强度下降能很好地解释临界稳定坝体的溃坝破坏。

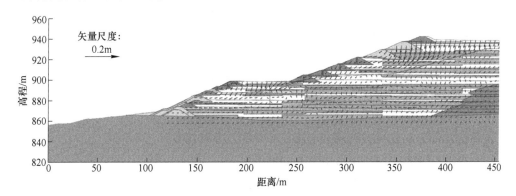

图 3-50　基于黏聚力下降导致材料强度降低 15kPa 时
3-3 剖面计算的三维模型的蠕变破坏前的变形

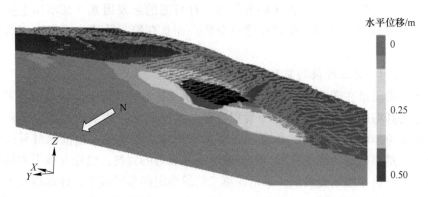

图 3-51　3-3 剖面的三维模拟的黏聚力下降导致强度降低 15kPa 时的蠕变破坏变形结果

有证据表明，2019 年 1 月 25 日发生的溃坝破坏是持续的蠕变和尾砂停止排放后累积降雨（包括 2018 年年底的强降雨）导致的非饱和区强度下降而共同作用引起的。

专家组采用物质点法（MPM）中常使用的相似应变衰减关系（similar strain weakening relationship）对溃坝后的坝体进行了变形分析。物质点法（MPM）重现了溃坝前 5s 的破坏变形进程。

3.10　结　　论

以往的尾矿库溃坝经验表明，溃坝通常不是由一个因素造成的。以下因素造成了 I 号尾矿坝的不稳定：

（1）上游陡坡的设计；

（2）尾矿坝内的库水管理，靠近坝前的库水会导致细粒尾矿更容易沉积于坝前；

（3）退台（setback）设计，使得后期构筑的坝坡位于强度较低的细尾砂上；

（4）缺乏有效的内部排渗系统，会引起坝体高地下水位，特别是在坝趾区域；

（5）尾矿的铁含量高，导致大量尾矿颗粒间存在黏性。这种黏性可以使尾矿材料变得坚硬，但其一旦遇水饱和，其尾矿材料强度可能会快速降低；

（6）区域内雨季的强降雨，可引起尾矿材料黏聚力的下降，从而降低地下水位以上的非饱和材料强度的下降。

对此专家小组讨论了以下三个问题：

（1）为什么会发生流滑？

（2）是什么触发了尾矿库溃坝？

（3）溃坝时为什么会引起流滑？

专家组认为：尾矿坝的溃坝和由此产生的流滑是由坝体内部流动液化引起的。I号尾矿坝体主要是由松散、饱和、重且易变形的尾砂组成，在下游边坡内具有高剪应力，形成了一个临界稳定坝体（即在不排水条件下接近失稳破坏）。室内试验表明，引起强度下降所需的应变量可能非常小，尤其是在较弱的尾矿材料中。这些是使尾矿流动液化成为可能的主要因素。其他触发因素可能是由一个因素或多个因素组合造成不排水条件下尾矿强度的下降。

专家组得出结论：在尾矿停止排放后，由于累积降雨（包括2018年年底的强降雨）引起非饱和区黏聚力下降，进而造成尾矿强度的下降，同时加上蠕变的共同作用，导致坝体内部持续的变形，最终引起材料强度下降和临界稳定坝体的突然溃坝。这是在2016年7月尾砂停止排放后，多年降雨不断累加的结果。2019年1月25日，非饱和区内部应变和强度下降达到临界状态，从而引起后续的尾矿库突然溃坝。计算模拟获得的坝体内部蠕变变形与坝体溃坝前一年观测到的小变形相吻合。

3.11 问　　题

专家组被特别要求回答一系列问题。

（1）坝体的建造、抬升或设计在I号尾矿坝溃坝中发挥了什么作用（如果有的话）？

I号尾矿坝的设计和施工是导致其溃坝的一个因素。具体来说，设计形成了一个陡峭的坝坡，坝体缺乏有效的排渗系统，从而引起地下水位偏高，这两者是导致坝体内部高剪应力的因素。

（2）排水系统或排水系统不够在I号尾矿坝溃坝中发挥了什么作用（如果有的话）？

I号尾矿坝没有有效的内部排渗系统，因此下游坝坡的地下水位很高，从而造成很大一部分尾矿长期处于饱和状态，这是不排水流动液化的先决条件。

（3）在发生溃坝前的12个月里，从I号尾矿坝的各种监测设备（包括水压计）获得的数据是否能说明坝体发生溃决的技术原因？

没有监控设备观察到了尾矿坝失稳破坏的前兆。相反，尾矿坝的失稳破坏具有突发性和意外性，这是坝体下游高剪应力和尾矿变形性和不排水性造成的结果。

（4）在溃坝前的12个月内，I号尾矿坝位置是否发生过位移变形？如果有，这些位移变形能代表的溃坝原因是什么？

I号尾矿坝在溃坝之前，没有显示出任何破坏迹象，比如出现由开裂和膨胀引起的坝体大变形。InSAR数据分析表明，在破坏前的12个月期间出现了小的变形，这些变形主要是在垂直方向上。由于其变形太小，速度太慢，致使尾矿坝安装的地基雷达和其他监测设备均无法探测到。这些微小变形帮助专家组排除了一些溃坝的可能触发因素，比如坝底天然土层和坝体内部软弱夹层等影响因素。这些微小变形也不是尾矿坝的溃坝前兆，但与长期持续的内部蠕变变形相一致。

（5）在溃坝发生前的 12 个月里，在Ⅰ号尾矿坝附近或周围的活动在溃坝中发挥了什么作用（如果有的话）？如果Ⅰ号尾矿坝周围的活动起了作用，是哪些活动？

1）深层水平排渗管（DHPs）在Ⅰ号尾矿坝溃坝中发挥了什么作用（如果有的话）？

专家组对 DHP15 的分析表明，深层水平排渗管（DHPs）的安装不太可能对尾矿坝稳定性产生影响。

2）2018 年 6 月 11 日在 DHP15 安装过程中发生的事件在Ⅰ号尾矿坝溃坝中发挥了什么作用（如果有的话）？

专家组的分析显示，DHP15 安装期间发生的事故并没有对坝体的破坏起到作用。该事件造成的材料强度下降是局部的，在事件发生后的几天内采取补救措施后，没有迹象表明 DHP15 有任何持续的影响。

3）2019 年 1 月 25 日进行的钻孔活动在Ⅰ号尾矿坝溃坝的技术原因中发挥了什么作用（如果有的话）？

专家组对溃坝当天的钻探工作分析表明，钻孔活动不足以引发所观察到的坝体溃决，钻探工作的影响是局部的，不会造成整个坝体的不稳定。

（6）地震活动是否在Ⅰ号尾矿坝溃坝中发挥了作用？如果是，地震活动是否可归因于在坝体附近发生的爆震？

地震活动在溃坝中没有发挥作用。专家组对溃坝当天的地震仪数据的审查表明，在溃坝前没有记录到地震或爆破活动。

参 考 文 献

［1］李晓琴，韩金峰，万俊玲，等．尾矿库风险分级及动态管控模型研究［J］．安全与环境工程，2018，25（5）：161-165.

［2］Cheng Deqiang, et al. Watch out for the tailings pond, a sharp edge hanging over our heads：Lessons learned and perceptions from the brumadinho tailings dam failure disaster［J］. Remote Sensing, 2021, 13（9）：1775.

［3］张家荣，刘建林，朱记伟．我国尾矿库事故统计分析及对策建议［J］．武汉：武汉理工大学学报（信息与管理工程版），2016，38（6）：682-685.

［4］Camilla Adriane de Paiva, Aníbal da Fonseca Santiago, José Francisco do Prado Filho. Content analysis of dam break studies for tailings dams with high damage potential in the Quadrilátero Ferrífero, Minas Gerais：technical weaknesses and proposals for improvements［J］. Natural Hazards, 2020, 104（prepublish）：1141-1156.

［5］迈克·剑桥．尾矿坝失事的回顾［J］．水利水电快报，2002，23（5）：6.

［6］相桂生．尾矿库溃坝事故案例分析［EB/OL］.

［7］Fabiano Thompson, et al. Severe impacts of the Brumadinho dam failure（Minas Gerais, Brazil）on the water quality of the Paraopeba River［J］. Science of the Total Environment, 2020, 705.

［8］中国国土资源经济研究院．中国矿产资源节约与综合利用报告（2015）观察［J］．黄金，2016，37（2）：82.

［9］张岳安，邓书申．尾矿库内外联合合并防洪安全研究［J］．科学技术与工程，2014（18）：188-193.

［10］谢旭阳，王云海，张兴凯，等．我国尾矿库数据库的建立［J］．中国安全生产科学技术，2008（2）：53-56.

［11］殷跃平．山西襄汾县塔山矿区尾矿溃决泥流灾难［J］．中国地质灾害与防治学报，2008（4）：70.

［12］任赟松．尾矿库坝体稳定性与溃坝危险性评价［D］．成都：成都理工大学，2018.

［13］邓银平．西班牙尾矿坝失事处理［J］．水利水电快报，1999，20（6）：29.

［14］Teramoto Elias H, et al. Metal speciation of the Paraopeba river after the Brumadinho dam failure［J］. The Science of the total environment, 2020, 757：143917.

［15］Valéria S. Quaresma, et al. The effects of a tailing dam failure on the sedimentation of the eastern Brazilian inner shelf［J］. Continental Shelf Research, 2020：104172.

［16］王昆，杨鹏，Karen Hudson Edwards，等．尾矿库溃坝灾害防控现状及发展［J］．工程科学学报，2018，40（5）：526-539.

［17］李二平，侯嵩，孙胜杰，等．水质风险评价在跨界水污染预警体系中的应用［J］．哈尔滨工业大学学报，2010，42（6）：963-966.

［18］陈国芳，胡波．尾矿库溃坝风险分析及对策［J］．科技情报开发与经济，2008（3）：227-228.

［19］王国华，段希祥，庙延钢，等．国内外尾矿库事故及经验教训［J］．科技资讯，2008（1）：23-24.

[20] 梅国栋，王云海. 我国尾矿库事故统计分析与对策研究 [J]. 中国安全生产科学技术，2010，6（3）：211-213.

[21] 张家荣，刘建林，朱记伟. 我国尾矿库事故统计分析及对策建议 [J]. 武汉理工大学学报（信息与管理工程版），2016（6）：682-685.

[22] 赵怡晴，覃璇，李仲学，等. 尾矿库隐患及风险演化系统动力学模拟与仿真 [J]. 北京科技大学学报，2014，36（9）：1158-1165.

[23] Jürg Zobrist, Giger W. Mining and the environment [J]. Environmental ence& Pollution Research International, 2013, 20（11）：7487-7489.

[24] Kenji Ishihara, et al. Breach of a tailings dam in the 2011 earthquake in Japan [J]. Soil Dynamics and Earthquake Engineering, 2015, 68：3-22.

[25] 郭在扬，华铭辉. 潘洛铁矿 "6·13" 山体滑坡灾害的调查 [J]. 福建水土保持，1994（1）：31，41.

[26] 吴宗之，梅国栋. 尾矿库事故统计分析及溃坝成因研究 [J]. 中国安全科学学报，2014，24（9）：70-76.

[27] 王勇，于静，常少龙，等. 尾矿库环境事故成因及隐患消除措施 [J]. 经营管理者，2014（11）：380-381.

[28] 方雪娟，丁镭，张志. 大冶陈贵镇小型尾矿库分布特征及其环境影响分析 [J]. 国土资源遥感，2013，25（1）：155-159.

[29] 李伯英，张少英. 陕西永恒矿建公司双河钒矿尾矿库泄漏事故透析 [J]. 中国应急管理，2009（10）：46-47.

[30] 郑昭炀，罗磊，刘宁，等. 湖北大冶铜绿山铜铁矿尾矿库溃坝动力特性分析 [J]. 金属矿山，2017（12）：136-141.

[31] Thornburg, Hershel D. This month in mining：Report on the Los Frailes dam failure [J]. College Student Journal, 1971（11）：N/A.

[32] Rotta L H S, Alcantara E, Park E, et al. The 2019 Brumadinho tailings dam collapse：Possible cause and impacts of the worst human and environmental disaster in Brazil [J]. International Journal of Applied Earth Observation and Geoin formation, 2020, 90：102-119.

[33] 马腾. 基于筑梗沉坝法细粒尾矿库坝体稳定性研究 [D]. 北京：北方工业大学，2018.

[34] 姜丽新，徐秀茹. 尾矿库对周边环境的影响及废弃地再利用 [J]. 辽宁工程技术大学学报（自然科学版），2011，30（增刊）：8-10.

[35] Goff C. Tailings dam failures-can we minimise the risks. [J]. International Water Power & Dam Construction, 2019, 71（3）：28-30.

[36] 刘海明，曹净，杨春和. 国内外尾矿坝事故致灾因素分析 [J]. 金属矿山，2013（2）：126-129，134.

[37] 董龙洋，周宇，徐文强，等. 基于证据理论的尾矿库安全评价 [J]. 安全与环境工程，2012，19（4）：74-77.

[38] Jane Palmer. Anatomy of a tailings dam failure and a caution for the future [J]. Engineering, 2019, 5（4）：605-606.

[39] 韩利民. 栗西沟尾矿库排洪隧洞塌陷原因分析 [J]. 中国钼业，1992，43（6）：11-16.

[40] 刘德忠, 浦永铭. 木子沟尾矿库排洪管事故的处理 [J]. 有色矿山, 1983 (6): 50-52.

[41] 宁远. "5·18" 尾矿库溃坝事故分析 [J]. 劳动保护, 2007 (12): 78-79.

[42] 王立忠. 尾矿库专项整治行动中 [J]. 劳动保护, 2007 (9): 27-29.

[43] 沈楼燕, 龙卿吉. 汶川地震对尾矿库设计与管理的启示 [J]. 有色金属 (矿山部分), 2009, 61 (1): 75-76.